高等学校应用型本科创新人才培养计划系列教材

高等学校网络商务与现代物流管理外包专业课改系列教材

Photoshop
网页视觉设计

青岛英谷教育科技股份有限公司　编著

U0277708

西安电子科技大学出版社

内 容 简 介

网页的视觉设计在电子商务中占有非常重要的地位，它直接影响网页的点击率与商品的成交率。在电子商务网站设计中，Photoshop 是必不可少的设计工具。

本书分为理论篇与实践篇。理论篇主要介绍了网页设计的基本知识、颜色搭配知识以及 Photoshop CS6 的使用技术，内容包括图像的处理、选区与填充、图层与图层样式、路径与图形、文字技术、网页切片与动画等，涵盖了网页设计人员应该掌握的 Photoshop 知识和操作技能。实践篇设计了 7 个案例，包括网站 logo 设计、按钮与导航栏设计、网络广告、淘宝相关版块的制作、Banner 动画、网页主页的设计等。

本书结构清晰，语言通顺，采用理论与实践相结合的方法，介绍了使用 Photoshop 完成网页视觉设计的必备知识。本书既可作为电子商务、广告设计、数字媒体等专业的教材，也可作为网页设计工作人员、网页设计爱好者的参考用书。

图书在版编目(CIP)数据

Photoshop 网页视觉设计/青岛英谷教育科技股份有限公司编著.
—西安：西安电子科技大学出版社，2015.9(2024.1 重印)
ISBN 978-7-5606-3847-8

Ⅰ. ① P… Ⅱ. ① 青… Ⅲ. ① 图象处理软件—高等学校—教材 Ⅳ. ① TP391.41

中国版本图书馆 CIP 数据核字(2015)第 191342 号

策　　划　毛红兵
责任编辑　毛红兵
出版发行　西安电子科技大学出版社(西安市太白南路 2 号)
电　　话　(029)88202421　88201467　　　邮　　编　710071
网　　址　www.xduph.com　　　　　　　电子邮箱　xdupfxb001@163.com
经　　销　新华书店
印刷单位　广东虎彩云印刷有限公司
版　　次　2024 年 1 月第 4 次印刷
开　　本　787 毫米×1092 毫米　1/16　印 张　19.5
字　　数　464 千字
定　　价　48.00 元

ISBN 978-7-5606-3847-8/TP
XDUP 4139001-4
如有印装问题可调换

高等学校网络商务与现代物流管理外包专业课改系列教材编委会

主编　王　燕

编委　李树超　　杜曙光　　张德升　　李　丽

　　　王　兵　　齐慧丽　　庞新琴　　王宝海

　　　鹿永华　　刘　刚　　高延鹏　　刘　鹏

　　　郭长友　　刘振宇　　王爱军　　王绍锋

❖❖❖ 前 言 ❖❖❖

电子商务(Electronic Commerce)是指利用计算机技术、网络技术和远程通信技术，实现整个商务过程中的电子化、数字化和网络化。近年来，随着全球电子商务高速增长，我国的电子商务也迅速发展壮大起来，使得电子商务人才严重短缺。

我国的电子商务专业教育始于 1998 年，几乎与美国卡耐基梅隆大学开办的电子商务专业同期开始。到了 2013 年，电子商务专业已经上升为一级学科。目前，我国的电子商务专业在不同高校里设置的课程也不一样，有些院校侧重电子商务网络技术、计算机技术，还有一些院校侧重电子商务模式的学习。

对于学习电子商务专业的学生来说，Photoshop 是一门必修课，主要用于网页图片处理、网店的装修、淘宝宝贝处理、Web 视觉设计等方面，是电子商务、网页设计、淘宝装修工作者的必备工具之一。

本书系统介绍了 Photoshop CS6 中文版的基本知识与使用技巧，内容全面、结构清晰、知识体系完善，上机练习具有强较的针对性、典型性与可学习性，便于读者强化与加深对基本知识的理解，并将所学的内容应用于实践。

本书分为理论篇与实践篇两大部分，其中理论篇共 11 章，紧密围绕网页视觉设计介绍了 Photoshop 的基本知识，具体内容安排如下：

第 1 章介绍了网页设计的基本知识，包括网站类型、网页的构成元素、网页布局、设计原则与常用工具软件简介等内容。

第 2 章介绍了网页设计的色彩基础，包括网页安全色、色彩的形成与三属性、色彩的情感、色彩的对比以及网页配色原则与方法等内容。

第 3 章介绍了 Photoshop 基础操作，包括工具界面简介，文件的新建、打开与保存，图像的缩放控制，颜色的设置，图层的基本认识等内容。

第 4 章介绍了选区的概念与意义、选区的创建与修改、单色与图案的填充、渐变色的使用等内容。

第 5 章介绍了图像的基本编辑，包括图像的移动与复制、调整与变换等内容。

第 6 章介绍了画笔工具的使用、图像的润饰方法，同时详细讲解了各种修饰工具的使用技巧。

第 7 章介绍了图层的详细使用技术，包括图层的类型、图层的操作、图层混合模式、图层蒙版、图层样式等内容。

第 8 章介绍了路径与图形，包括钢笔工具、形状工具以及路径的基本编辑技术。

第 9 章介绍了 Photoshop 中文字的处理技术。

第 10 章介绍了图像色彩调整命令的使用以及如何校正图像的色彩。

第 11 章介绍了网页动画与切片输出，包括创建与编辑切片、图像的优化与输出、如何创建 GIF 动画等内容。

为了更加适合教学，本书在结构编排上进行了精心设计。每一章都设计了若干具有针对性的实例练习，通过有的放矢的教与学，激发学生的学习兴趣，帮助他们掌握相关知识；另外，各章还配有丰富的课后练习，以加深学生对相关内容的理解和掌握。

本书由青岛英谷教育科技股份有限公司编写，参与本书编写工作的有王燕、朱仁成、王莉莉、刘明燕、宁孟强、李秀、王强、于志军、杜继仕、张孟等。在编写本书期间得到了各合作院校的专家及一线教师的大力支持与协作，在此，衷心感谢每一位老师与同事为本书出版所付出的努力。

由于水平有限，书中难免有不足之处，欢迎大家批评指正！如读者在阅读过程中发现问题，可以通过邮箱(yujin@tech-yj.com)联系我们，以期进一步完善。

作　者
2015 年 4 月

❖❖❖ 目　　录 ❖❖❖

理　论　篇

实　践　篇

理论篇

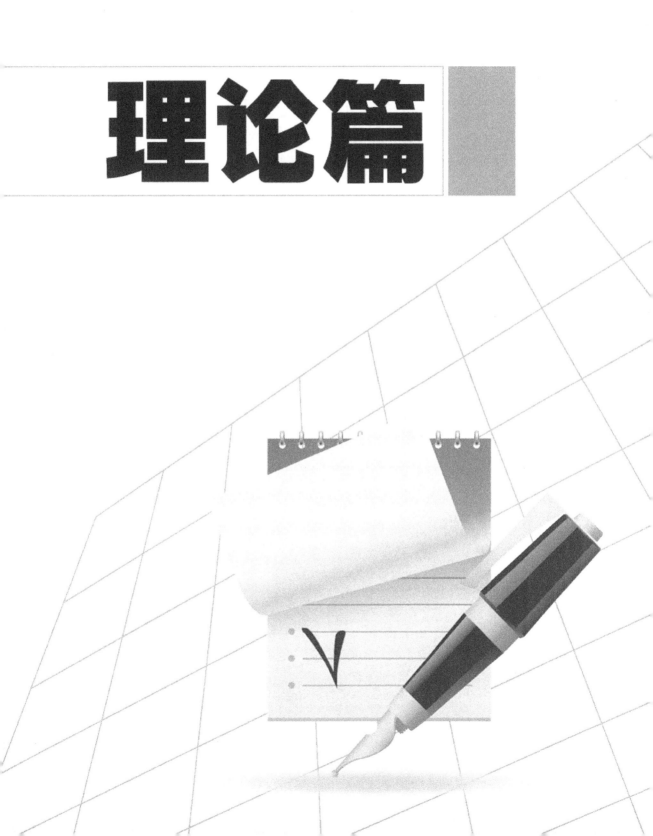

第1章　网页设计基本知识

本章目标

- 了解网页的基本知识

- 熟悉常见的网站类型

- 掌握构成网页页面的元素

- 掌握网页页面布局的类型

- 了解网页设计的原则与流程

- 了解网页设计的基本工具

- 掌握网页尺寸与显示器分辨率的关系

1.1 网页基础知识

要从事网页设计，必须了解网页的基本知识，这样才可以驾轻就熟地进行网页设计。本节将简要介绍一下网页的基础知识，如网页的本质、静态网页与动态网页的概念、网页与网站的关系等。

1.1.1 网页的本质

网页是互联网的最小单位，各种信息是通过网页的形式传播的，因此网页是网络信息的最终载体。

网页是如何将各类信息整合到一个独立页面当中的呢？这需要由 HTML(HyperText Markup Language，超文本标记语言)来完成。HTML 是表示网页的一种规范，它通过标签(也叫做标记符)定义了网页内容的显示，而这些内容包括文字、图片、声音、动画、视频等，因此网页的本质就是用 HTML 编写的文档，通过网页浏览器解释后将信息反馈给浏览者。

1.1.2 静态网页与动态网页

刚接触网页设计的读者一定听说过动态网页和静态网页这两个概念，那么什么是静态网页，什么是动态网页呢？

网页制作技术主要包括静态网页制作技术和动态网页制作技术。静态网页制作技术是动态网页制作技术发展的基础，动态网页制作技术是静态网页制作技术的进一步完善。

1. 静态网页

通常情况下，静态网页是指纯粹由 HTML 编写的 Web 文档，当浏览网页时，在网页浏览器的地址栏中可以看到该类文档的扩展名为 .htm、.html、.xml 等。静态网页的特点如下：

◇ 静态网页一般使用 HTML 编写。
◇ 直接解析 Web 文档，不在服务器端执行，查看到的源代码即为实际源码。
◇ 网页内容不会发生变化，容易被搜索引擎检索。
◇ 静态网页没有数据库的支持，在网站制作和维护方面工作量较大。
◇ 静态网页的交互性较差，在功能方面有较大的限制。

2. 动态网页

动态网页是与静态网页相对的一种网页编程技术。动态网页的文件里包含了程序代码，通过后台数据库与 Web 服务器进行信息交互，由后台数据库提供实时数据更新和数据查询服务。这种网页文件的扩展名为.asp、.jsp、.php 等，动态网页的特点如下：

◇ 动态网页一般需要使用 CGI、ASP、PHP 或 JSP 等编写。
◇ 动态网页以数据库技术为基础，可以大大降低网站维护的工作量。

◇ 采用动态网页技术的网站可以实现更多的功能，如用户注册、用户登录、搜索查询、用户管理、订单管理等。

◇ 动态网页并不是独立存在于服务器上的网页文件，只有当用户请求时服务器才返回一个完整的网页。

◇ 搜索引擎一般不可能从一个网站的数据库中访问全部网页，因此采用动态网页的网站在进行搜索引擎推广时需要做一定的技术处理才能达到搜索引擎的要求。

　　不要将动态网页和页面内容是否有动感混为一谈。这里说的动态网页与网页上的各种动画、滚动字幕等视觉上的动态效果没有直接关系，无论网页是否具有动态效果，只要是采用了动态网站技术生成的网页都是动态网页。

1.1.3　网页与网站

　　网页是互联网服务中最基本的元素，它是用 HTML 语言或其它编程语言(ASP、JSP 或 PHP 等)编写的一种文档。该文档可以被网页浏览器识别并解释，然后以网页的形式呈现出来，简单地说，在上网时通过浏览器所看到的画面就是网页。

　　网站是由网页集合而成的，网页中包含超链接，网页之间通过超链接建立了纵横交错的联系，所以网站是通过超链接构成的一系列逻辑上可以视为一个整体的一些网页的集合。

　　至于要多少网页集合在一起才能称作网站，这并没有规定，即使一个网页也可以被称为网站。另外，除了一般的网页之外，网站中往往还有一些其它的东西，比如数据库、图片、压缩文件等。

1.2　常见的网站类型

　　由于分类的标准不同，网站的类型也不一样。这里并不介绍按照某一标准来划分网站类型，而是介绍一些常见的网站类型，了解这些内容对于今后设计网站与网页会有一定的帮助。

1.2.1　个性展示类网站

　　个性展示类网站一般属于个人网站，这类网站以个人信息为中心，是充分展示自己的网络空间，内容上也没有太多局限，主要以学习、工作、生活、爱好、情感以及创作等为主。由于个人网站的商业色彩并不浓厚，很多人创建个人网站完全是一种兴趣，甚至是为了自己开心，所以在网页的格局与色彩的设计上都具有非常强的随意性和艺术性。

　　目前，也有一些个人网站是为了增加自己的个人业务，例如，从事设计、培训、摄影等行业的 SOHO 一族，为了增加自己的业务量，通过个人网站加大宣传力度，推广自己及作品，他们也会将网站设计得风格迥异，魅力十足。图 1-1 所示是两个典型的个人网站首页。

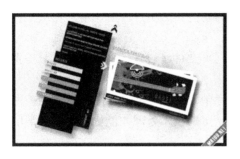 

图 1-1　个人网站的首页

1.2.2　企业类网站

在互联网的世界里，企业网站占有很大的比重。大多数发达国家的企业都已经把在互联网上寻找生意伙伴、销售产品和与客户沟通作为企业的重要经营手段，企业通过网站可以提高企业形象，促进销售达成，加强与客户的联系等。可以说，在网络营销时代，一个完善的企业网站对于企业来讲是至关重要的。

企业网站分很多类型，总体上可以分为展示型、交易型、资讯型、办公型。不同形式的企业网站设计时会有所区别。企业网站的色彩通常会选择明亮的颜色，如蓝色、白色等，另外，也可以结合企业 VIS 进行设计，从而使网站具有与企业共通的视觉特征，这样更容易提高企业的识别性。图 1-2 所示是两个企业网站的首页。

图 1-2　企业网站的首页

1.2.3　门户类网站

门户类网站是互联网中的"大户人家"，其优势是拥有庞大的信息量和用户资源。最初，门户类网站主要提供搜索服务、目录服务等，随着互联网的日益发展，它们所涉及的领域也越来越广泛，有财经、体育、新闻、军事、房产、娱乐、游戏、论坛等。门户类网站已经发展成为一种综合性网站，例如，网易、新浪、搜狐就是典型的三大门户网站。

由于门户类网站内容繁多，所以在设计时可以将版面进行分频道、分栏处理，颜色要清新整洁，内容应条理清楚，适合大众阅读。图 1-3 所示的门户类网站分别是新浪网与搜狐网的首页。

图 1-3　门户类网站的首页

1.2.4　娱乐休闲类网站

随着互联网的飞速发展，出现了很多娱乐休闲类网站，如电影网站、音乐网站、游戏网站、交友网站等。这些网站为广大网民提供了娱乐休闲的场所，其设计特点也非常显著，一般地，通过色彩运用与气氛控制使人们产生不同的情绪，另外，图形图像是营造娱乐网站气氛的主要手段，如时尚另类的插画、动感的 Flash 等都能强烈感染人们的情绪，除此之外，背景音乐的作用也十分重要。图 1-4 所示为游戏"赤月传说"网站的首页。

图 1-4　某游戏网站的首页

1.2.5　购物类网站

随着网络的普及和人们生活水平的提高，网上购物已经不再是一种时尚，而是人们生活中一种最常见的消费方式，因此，网络上涌现出了越来越多的购物类网站，大家比较熟知的有淘宝网、当当网、凡客诚品网等。对于这类网站的设计往往要注重效率，页面要整洁，导航要清晰，图片要漂亮，色彩方面要稳重明快，这样容易使消费者对商品产生好感，增强购买欲望。图 1-5 所示的购物类网站分别为淘宝网和当当网的首页。

图 1-5　购物类网站的首页

1.3　构成网页的元素

想要对网页进行设计，必须先了解网页由哪些元素构成，因为这些内容就是要设计的内容。一般来说，任何一个网页都是由最基本的元素组成的，这些元素主要包括文字、图像、多媒体元素和交互元素。

1.3.1　文字

文字是人类最重要的信息载体与交流工具。同样，网页中的文字也是获取信息的主要来源，文字虽然不如图像吸引浏览者，但它却是最能准确表达信息的元素，所以网页中的文字是必不可少的，它在网页中承担着传递信息的功能，另外文字还具有超链接的功能，可以实现页面之间的跳转。

合适的字体会让人感到美观舒适，因此设计网页时，为了丰富文本的表现力，可以设置文本的字体、字号、颜色、底纹和边框等，从而增加视觉上的美感。一般说来，如果背景颜色柔和一些、淡一些，则应该搭配深色文字；如果背景颜色较深，则应使用浅色或亮色的文字，这样可以形成鲜明对比。另外，网页的字体主要是宋体，并且目前绝大多数的中文网站的字体大小普遍使用 12px。

为了让网站别有风格，可以使用一些特殊效果的字体。在使用特殊效果的字体时建议以图片的形式来体现，这是因为如果直接使用特殊字体，一旦浏览者没有安装这些字体，就会出现页面紊乱的现象。

1.3.2　图像

图像在网页中的地位仅次于文字，它也可以传递信息，有些时候需要若干文字才能描述清楚的信息，可能一张图片就解决了。所以图像在传递信息方面具有独特的优势。除此以外，图像对网页的装饰作用十分重要，网页设计工作的大部分内容是对图像进行控制，通过合理地应用图像，使网页的视觉效果美观舒适。

网页中使用的图像主要是 GIF、JPEG、PNG 等格式，因为它们除了具有高压缩比之外，还具有跨平台特性。

图像在网页中的应用主要有产品图片、摄影作品、网站 Logo、导航按钮、装饰图片等形式。

1.3.3　多媒体元素

随着宽带技术的发展，网络传输速度不断提高，多媒体元素在网页设计中的综合运用越来越广泛。多媒体技术的运用大大丰富了网页的艺术表现力，使浏览者可以享受到更加完美的视听效果。目前，网页中的多媒体元素主要包括动画、声音与视频，文字与图像其实也是多媒体元素。

动画就是动态的图像，可以有效地吸引浏览者的注意力，网页中使用较多的动画是 GIF 动画与 Flash 动画，主要应用于一些网络广告、导航按钮等。

声音是多媒体网页的一个重要组成部分，主要用于网页的背景音乐。网络的声音文件格式非常多，常用的是 MIDI、WAV、MP3 和 AIF 等。

视频也是网页中出现较多的一种多媒体元素，网页中视频文件格式也非常多，常见的有 RealPlayer、MPEG、AVI 和 DivX 等。

1.3.4　交互元素

交互性是网页的一项很重要的特性，网页的交互主要体现在用户与网页之间、用户与站点管理者之间、用户与用户之间的交流。

用户与网页之间的交互主要是通过超链接实现的，通过超链接可以实现页面与页面之间的转换、站点与站点之间的转换。

用户与站点管理者之间的交互主要是通过表单实现的，如信息反馈表单、留言簿表单、用户注册表单等，站点管理者通过表单可以收集用户信息或反馈意见等。

用户与用户之间的交互主要是通过论坛实现的，一些拥有相同爱好的用户可以通过论坛交流观念与心得。

1.4　网页布局类型

影响网页是否精彩的因素是什么呢？色彩的搭配、文字的变化、图片的处理等都是不可忽略的因素，当然除了这些，还有一个非常重要的因素——网页布局。网页布局是网页设计的第一步，只有先确认了网页的框架结构，才能进行其它方面的设计。网页布局大体可分为封面型、上下分割型、左右分割型、混合框架型、自由型等。

1.4.1　封面型

封面型的网页布局一般出现在一个网站的首页，这种类型的网页布局没有太多的文字信息，而是由精美的图片、动画、广告语或者超链接组成的，处理得当则会给人带来赏心悦目的感觉。"百度"的首页就是一个最简洁的封面型布局。对于个人或企业的网站来说，封面型的网页布局的应用也比较多，总体上分为以下几种情况：

✧ 进入网站后播放一段动画或视频，这对企业有一个很好的宣传与推广作用，然后静止在一个画面上，放上一个"进入"的链接，或者在画面中做一个隐形超链接。

✧ 进入网站后直接是一幅静止的图片，并设置有相应的超链接或登录窗口，例如一些邮箱的登录界面、平台的登录界面等，如图 1-6 所示为高校服务平台的登录界面。

图 1-6　高校服务平台的登录界面

1.4.2　上下分割型

顾名思义，上下分割型就是将页面按照上下的顺序分割为几部分。一般地，网页整体会被分割为 3 部分，上面是导航部分，用来放置导航栏、Flash 动画或轮换图片；中间是正文部分，用于显示要传递的网页信息；下面是版权信息与企业信息。当然，网页也可以只分割为上、下两部分，或者多个部分，设计者可以根据实际需求进行划分。

上下分割型的网页简洁明快，一目了然，但是纯粹上下结构的网页并不多见，大多是在该基础上进行了变化。例如整体是上下结构，但局部又使用左右结构，这样，页面才不会死板，如图 1-7 所示是上下分割型的网页。

图 1-7　上下分割型的网页

1.4.3 左右分割型

左右分割型是将网页按照左右结构进行布局，这是比较常见的一种布局方式，通常情况下，可以将网页分为 2~4 栏，这种结构的优势是结构清晰，使网页看上去非常有条理。一些信息量不大的企业网站，可以把网页分为两栏，把导航区放置在左侧，而右侧用于显示主体内容；对于内容较多的网站，可以考虑将网页分为 3 栏或 4 栏，既可以均分，也可以不均分，达到视觉上的平衡即可，如图 1-8 所示为左右分割型的网页。

图 1-8 左右分割型的网页

1.4.4 混合框架型

混合框架型网页是上下分割型与左右分割型网页的有机结合，是一种相对复杂的网页布局。纯粹的上下结构或左右结构的网页虽然条理清晰，但有时页面会显得单调，因此混合框架型网页更多见一些。

混合框架型网页又分为"同"字结构、"回"字结构、"匡"字结构等。其中，"同"字结构比较经典，"回"字结构、"匡"字结构都是由"同"字结构演变而来的。在"同"字结构中，页面顶端是导航栏，友情链接、搜索引擎、注册按钮、登录面板、广告条等内容置于页面两侧，中间为主体内容，这种结构不但有条理，而且视觉平衡感非常好，如图 1-9 所示为混合框架型的网页。

图 1-9 混合框架型的网页

1.4.5　自由型

所谓的自由型网页布局，就是摆脱传统思路的束缚，网页布局不再中规中矩，随意性特别大，艺术性非常强。这种结构要求设计者有非常丰富的想象力和非常强的图像处理技巧，完全颠覆了以图文为主的网页表现形式，把传统意义上的网页元素融入到一个场景中，而整个界面的构成更像平面设计，采用这种布局的网页多用于设计类、儿童类网站，如图 1-10 所示为自由型布局的网页。

图 1-10　自由型布局的网页

1.5　网页设计原则与流程

本节将概括地介绍网页设计的原则与流程，了解这些内容有助于读者将来从事网页设计工作。

首先需要指出的是，这里所说的网页设计是指通过使用更合理的颜色、字体、图片、样式等对页面进行创意与美化。网页设计是网站设计的一部分，它所承担的任务是将构成网页的元素通过一定的形式、色彩等使网页更具可读性与审美性。这个环节工作质量的好坏直接影响着网站的最终视觉效果。

1.5.1　设计原则

网页设计与平面设计虽然有相通之处，但是也有很多不同的地方，网页设计是遵循一定的法则，将一些必要的页面元素(如文字、表格、图像、动画、链接等)集中到一个完整的页面中，并且能够正确地显示在主流浏览器上，所以网页设计受显示器分辨率的限制。下面介绍一下设计网页时应该遵循的原则。

1．主题明确

网页的主题一定要明确。一个网站要有主题与目标，同样，一个网页也要有主题。优秀的网页设计不仅要有美感、个性和创意，更重要的是有内容。整个网页的设计应该围绕着主题来进行，例如新闻、体育、信息技术、娱乐、旅行、教育、医疗等，不同的主题其色彩与设计语言也不相同。如果要设计一个网上电子交易系统，就没有必要设计得太个性、花哨；如果要设计一个艺术展示网页，则必须彰显个性，突出艺术性。总之，网页主题决定了设计的方向。

2．色调和谐

无论是平面设计还是网页设计，抑或是其它设计，颜色永远是要研究的课题。因为它是首先影响浏览者感官的要素，打开一个网页，当用户还没有阅读内容的时候，颜色已经影响了用户的情绪，所以从事网页设计必须对颜色有所了解。

网页色彩设计应该遵循"总体协调，局部对比"的原则，也就是说，一个网页要有主色调，在统一的主色调之下，再做好颜色的对比处理，避免单调乏味，悦人的网页配色可以使浏览者过目不忘。一般来说，网页的颜色搭配最好不超过 5 种，以其中一种为主色调，居主导地位，其它色彩只是作为衬托和点缀。常见的标准色彩有蓝色、黄/橙色、黑/灰/白色三大系列。如图 1-11 所示为蓝色调的网页设计，整体上以蓝色作为主调，局部运用了对比色——黄色。

图 1-11　蓝色调的网页设计

3．结构清晰

网页设计时要考虑的因素很多，除了颜色以外，网页的视觉效果还来自网页结构与排版上。将各种信息元素以清晰的结构、条理的编排有机地整合到页面上，能够给浏览者以最佳的视觉效果。经过对许多成功网页的分析，可以发现，除了网页上面的导航部分和下面的尾注部分，网页主体部分一般都采用 1:2、2:1 或 1:2:1 的结构，如图 1-12 所示，这是最流行、最常见的网页结构，因为它可以有条理地、方便地组织网页信息，结构非常清晰。

 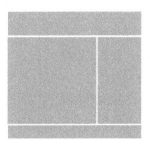 

图 1-12　网页主体 1:2、2:1 或 1:2:1 结构示意图

4．导航明朗

这里说的导航是指导航栏，而不是指网页中的使用了超链接的文本与图片。对于一般的企业网站来说，导航栏目不宜过多，一般用 5～9 个链接比较合适。如果信息量比较大，可以采用分级目录列出，或者建立搜索的表单，让浏览者通过输入关键字进行检索，这样不至于导航太凌乱，如图 1-13 所示为企业网站的导航设计。

图 1-13　企业网站的导航设计

所有的设计都要从实际出发，不能教条主义，例如像新浪、搜狐等综合性网站，就不能遵循上面的原则。如图 1-14 所示是新浪网的导航设计，导航栏目非常多，但是由于分组编排，并没有过多的修饰，所以非常清晰、明朗。

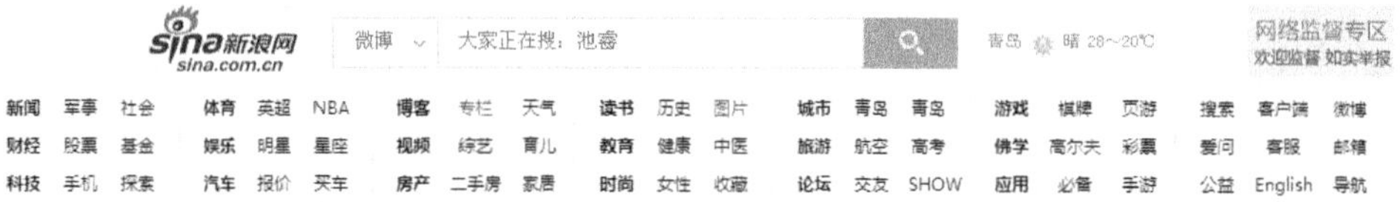

图 1-14　新浪网的导航栏

5．字体设计

文字是传递网页信息的主要载体，在网页设计时既要考虑信息的有效传播，又要考虑文字的美观。字体的设计要遵循这样几条原则：

(1) 浏览器定义的标准字体是中文宋体和英文 Times New Roma 字体。如果没有特殊要求，设计网页时应尽可能使用这两种字体，以确保客户端能够正确显示网页。

(2) 一个网页中的字体一般不要超过 3 种，因为字体太多就会显得杂乱，没有主题。

(3) 一般地，中文宋体的最佳显示字号是 12px，而英文字体的大小则以 9px、11px 为宜，需要注意的是，标题的字体应尽可能地比正文大些，颜色上也应有所区别。

(4) Windows 系统自带了 40 多种英文字体和 5 种中文字体，如果要使用比较另类的字体，最好制作成图片。

1.5.2　设计流程

网页设计是一个复杂的过程，这里强调的设计流程主要是指页面的设计，而非整个网站的设计，所以相对简单了不少。可以将整个网页设计过程划分为三个阶段，设计准备阶段、设计实现阶段、切片与优化阶段。

1．设计准备阶段

设计是一种审美活动，成功的设计作品一般都很艺术化，但艺术只是设计的手段，而并非设计的目的，因此设计之前，必须搞清楚设计这个页面的目的，有什么特殊需求，要达到什么效果……不同的网站有不同的要求。

资讯类网站的信息量大，访问量也大，如新浪、网易、搜狐等，这类网站的网页设计要简单、明了，不宜过于花哨，重在功能的实现，要求页面分割美观，结构合理，条理清晰。

公司类网站在美工上要求相对高一些，既要保证信息的传达，同时又要突出企业形象。这类网站一般要结合企业的 VIS 进行设计，比较容易让客户接受。如果企业属于微小企业，没有 VI 体系，那么客户的要求就是设计任务。

当然，这只是大方向要注意的问题，真正涉及到具体工作，还要具体情况具体分析，既要将自己的设计理念融入网页设计当中，又要满足客户的具体要求。准备阶段必须要充分，包括与客户沟通、设计构思、素材收集等。

2．设计实现阶段

一切准备就绪，接下来就是设计实现阶段，将自己的创意与思想通过软件表现出来，所使用的软件就是 Photoshop。利用 Photoshop 把网页效果图制作出来，在设计时可以采用多种设计方案，这样便于说服客户，如果客户有不满意的地方再进行修改。

整个设计实现阶段的关键是 Photoshop 工具的熟练运用，网页中要表达的效果必须能够恰当地表现出来。

一般地，在设计之前要先画一下草图，做到心中有数，例如栏目的划分、版块的划分、颜色的运用、字体的大小等，然后再在 Photoshop 中进行制作，如图 1-15 所示就是利用 Photoshop 设计的一个网页效果图。

图 1-15　在 Photoshop 中制作的网页效果图

3．切片与优化阶段

在 Photoshop 中完成的只是网页效果图，强调的是视觉设计效果，用于与客户沟通设计方案。一旦客户认可该设计方案，接下来的工作就要对效果图进行切片输出，转入到 Dreamweaver 中制作网页。

切片是网页制作过程中非常重要的一个步骤，往往切片的正确与否会影响着网页的后期制作。正确的切片会给网站带来有利的影响，比如减少网页加载时间、制作动态效果、优化图像、超链接等。在 Photoshop 中对网页进行切片时，操作要点如下：

- ✧ 使用切片工具或【基于图层的切片】命令来创建切片。
- ✧ 创建切片后，可以使用切片选择工具选择切片，并对它进行移动和调整大小，使之与其它切片对齐。
- ✧ 可以在【切片选项】对话框中为每个切片设置选项，如内容类型、名称和 URL 超链接。
- ✧ 可以使用【存储为 Web 所用格式】对话框中的各种优化设置对每个切片进行优化。
- ✧ 切片时可以不断放大或缩小视图，根据辅助线进行切片，确保切片精确。
- ✧ 切片后，要对导出的切片进行审核是否符合要求，比如大小、颜色、图片质量、背景透明与否等，如果不合适，要重新对切片进行优化输出或者重新切片。

1.6　常用工具软件

网页中集合了多种媒体元素，除了文字还有动画、图片、视频、音乐等，处理不同类型的素材需要使用相对应的工具软件。在 Macromedia 公司没有被 Adobe 公司收购以前，Dreamweaver、Fireworks 和 Flash 是经典的"网页设计三剑客"，而如今大家更喜欢使用 Photoshop 代替 Fireworks 的工作。

1.6.1　网页编辑软件 Dreamweaver

Dreamweaver 是目前最流行、最专业的一款网页制作软件，其作用主要用于对 Web 站点、Web 页和 Web 应用程序进行设计、编码和开发。无论用户倾向于手工编写 HTML 代码，还是偏爱在可视化编辑环境中进行工作，Dreamweaver 都会提供最有效的工作手段，使用户拥有更加完美的 Web 创作体验。

利用 Dreamweaver 中的可视化编辑功能，用户可以快速地创建页面而不需要编写任何代码，工作变得更加轻松。使用 Dreamweaver 编辑网页时，用户可以方便地查看所有站点元素或资源、插入 Fireworks 图像、Flash 对象、导航条、E-mail 等，还可以使用 ASP、ASP.NET、ColdFusion 标记语言(CFML)、JSP 和 PHP 等服务器语言来生成由动态数据库支持的 Web 应用程序。如图 1-16 所示是 Dreamweaver CS6 的工作界面。

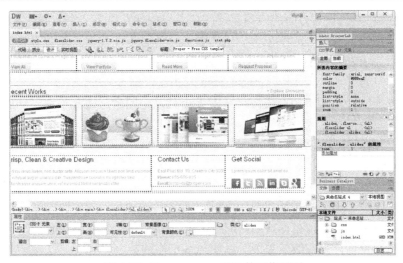

图 1-16　Dreamweaver CS6 的工作界面

1.6.2　网页图像设计软件 Photoshop

Photoshop 是 Adobe 公司在 80 年代推出的一套专业化图形图像处理软件。由于它功能强大、操作简单、界面流畅，因此，它在世界各地得到了广泛的认可与迅速推广，并且成为同类产品中的佼佼者，它的主要作用是处理图像，广泛应用于平面广告、网页制作、多媒体设计、数码照片处理等领域。

目前，最新版本是 PhotoshopCC，该版本主要增强了数码后期方面的功能，如相机防抖动功能、CameraRAW 功能改进、图像提升采样、属性面板的改进、Behance 集成等功能，当然这对于网页设计来说并没有太大意义。本书主要阐述 Photoshop 在网页设计方面的应用技术，所以采用 Photoshop CS6 版本进行介绍，如图 1-17 所示为 Photoshop CS6 的工作界面。

图 1-17　Photoshop CS6 工作界面

注意

软件的升级非常快，几乎 1~2 年更新一次版本。所以，如果学校机房安装的 Photoshop 不是 CS6 版本，同样可以参照本书进行学习，操作方法上没有任何区别，但是建议不要低于 Photoshop CS4 版本。

Photoshop 在网页设计方面的应用非常广，主要表现在以下几个方面：

- ❖ 处理图像。网络上的图像有一定的要求，为了方便传输，不宜太大；格式也局限在 JPEG、PNG、GIF 这几种类型，所以需要使用 Photoshop 进行处理，使之符合要求
- ❖ 对图像进行切片。如果图像尺寸较大，可以将图像分成几小块，然后再利用表格重新排列起来，这样可以提高传输速度。
- ❖ 制作 GIF 动画。Photoshop 具有动画制作功能，利用它可以制作 GIF 动画、翻转按钮等。
- ❖ 制作导航按钮。为了使网页更个性或美观，可以使用 Photoshop 的图层样式制作出非常漂亮的导航按钮。
- ❖ 制作网页效果图。在正式制作网页之前，一般都需要使用 Photoshop 制作出几种网页设计方案的效果图，以便与客户沟通。

1.6.3 网页动画制作软件 Flash

Flash 是 Macromedia 公司推出的一种优秀的矢量动画编辑软件，最初，Flash 是一款网络动画创作工具，随着版本的升级，它的功能越来越强大。后来，Adobe 公司收购了 Macromedia 公司，Flash 归属 Adobe 旗下，功能得到了进一步完善与增强，其动画制作能力与脚本编程能力非常强大，它已经不再是单纯的网页动画编辑软件，甚至可以处理视频、制作复杂演示文稿和应用程序。

目前 Flash 被广泛应用于网页设计、网页广告、网络动画、多媒体教学软件、游戏设计、企业介绍、产品展示和电子相册等领域。在网页设计方面，Flash 主要用于制作一些动态元素，这样可以增强网页的视觉效果，利用 Flash 可以制作动态按钮、动画图标、动感菜单等特效，还可以制作网络广告、网络小游戏、互动广告，甚至是完整的 Flash 网站等。如图 1-18 所示是 Flash CS6 的工作界面。

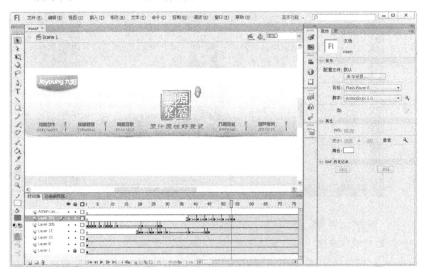

图 1-18　Flash CS6 工作界面

1.7 网页尺寸和显示器分辨率的关系

网页的最终输出设备是显示器，而用户的显示器大小不一，分辨率的设置也不相同。这就为网页设计者带来了一个必须要解决的问题，如何才能保证网页在不同的显示器上显示相同的效果，这是设计网页时首先要考虑的问题。

由于网页浏览器本身要占据显示器屏幕的一部分区域，所以网页的完全显示尺寸为分辨率减去浏览器所占的尺寸。

当显示器分辨率为 800×600 像素时，网页宽度保持在 778 像素以内就不会出现水平滚动条，高度则视版面和内容决定，一般不超过 3 屏。

当显示器分辨率为 1024×768 像素时，网页宽度保持在 1002 像素以内就不会出现水平滚动条。如果满屏显示的话，高度在 612~615 像素之间不会出现垂直滚动条。

因此，在进行网页设计时，要考虑主流显示器分辨率和浏览器类型，为网页设置一个最佳的浏览尺寸，并且可以在网页中以文字的形式提醒浏览者在什么样的分辨率下浏览网页可以得到最佳效果，如图 1-19 所示。

图 1-19 以文字形式提醒用户

另外，现在最普遍的做法是以 1024×768 的屏幕分辨率为基准制作网页，但实际要传达信息的部分以 800×600 的屏幕分辨率为准，这样，如果用户的显示器分辨率为 1024×768 像素时，网页两侧会出现空白，可以在该空白处添加背景色、背景图像、标语广告等内容。

本 章 小 结

万丈高楼平地起，只有掌握了网页设计的基本知识，才能在以后较为复杂的学习中触类旁通，运用自如。通过本章的学习，读者应该做到：

✧ 理解网页的本质是由 HTML 编写的一种文档，它分为静态网页与动态网页，网页是构成网站的基础。

✧ 能够区分常见的网站类型，了解各类网站在设计与表现上的一些特点。

✧ 认识构成网页的基本媒体元素，其中是文字、图像是主要元素，而声音、视频、动画等则次之。

✧ 掌握网页设计的原则与流程、页面布局的类型，为今后进行网页设计建立正确的方向。

✧ 了解网页设计的常用工具软件、每一款软件的具体作用以及软件之间的相互关系。

✧ 知道网页的显示受用户显示器分辨率的限制，清楚设计网页时应该如何解决尺寸问题。

本 章 习 题

1. 网页布局的类型有＿＿＿＿、＿＿＿＿、＿＿＿＿、＿＿＿＿和＿＿＿＿。

2. 网络信息的最终载体是＿＿＿＿，网页可以分为＿＿＿＿和＿＿＿＿。

3. 网页中的图像格式是＿＿＿＿、＿＿＿＿和＿＿＿＿格式，因为它们除了具有高压缩比之外，还具有＿＿＿＿特性。

4. 网页色彩设计应该遵循"＿＿＿＿，＿＿＿＿"的原则。

5. 简述网页设计的常用软件及各软件的作用。

6. 简述网页设计应该遵循的基本原则。

第2章　网页设计色彩基础

本章目标

- 认识网页色彩与网页安全色
- 熟悉色彩的形成、色彩的属性与色彩模式
- 了解不同色彩所代表的情感
- 掌握各种色彩的对比方法
- 熟悉网页色彩搭配的方法
- 了解网页配色原则

2.1 认识网页色彩

色彩作为人类生活中的重要视觉信息，无时无刻不在刺激着人的视觉，影响着人的情感，陶冶着人的情操。只要在视觉设计范畴之内，色彩都是最重要的设计要素。在网页设计中，色彩更是设计构成的关键因素之一，良好的色彩设计可以带给人们感官上的享受，产生强烈的视觉冲击力和艺术感染力，优秀的色彩搭配令人过目不忘，而且色彩所表现的情感与内涵也会影响到浏览者对网站的理解。

通常情况下，红色象征热情，绿色象征希望，蓝色象征平静，橙色象征收获，白色象征纯洁……，在进行网页设计时，颜色的搭配必须重点考虑，并且能够与主题呼应，否则，可能导致一个失败的设计结果。试想一下，如果以红色为主调来搭配有关农业的网站，而以绿色为主调来搭配有关节庆的网站，会是一个什么样的效果？可想而知，色彩与主题不相符就无法正确诠释网站的主旨。

网页的色彩设计是网站风格的决定性因素之一，设计网页之前，不但要对色彩理论有一定的理解，还要有大量的鉴赏与实践，从而使网页的色彩搭配协调统一，给人以美感与舒适感。如图 2-1 所示分别为绿色配色方案的网页与红色配色方案的网页。

图 2-1　绿色配色方案的网页与红色配色方案的网页

2.2 网页安全色

显示器的工作原理是基于 RGB 模式的，它所表现的颜色是由红、绿、蓝三种基色混合而成的，每一种基色的取值范围为 0～255，如红色表示为(255，0，0)，十六进制表示为#FF0000。这样，理论上可以得到 $256 \times 256 \times 256 \approx 1680$ 万种颜色。

但是在网络上，即使是一模一样的色彩，也会由于显示设备、操作系统、显卡以及浏览器的不同而显示出不同的效果。这样，一个配色非常漂亮的网页，可能每个人看到的效果都会有所差异，那么，如何才能解决这个问题呢？

最早使用互联网的一些发达国家花费了很长的时间探索这一问题的解决方案，终于发

现了 216 网页安全色彩(216 Web Safety Color)，如图 2-
2 所示。它是指在不同硬件环境、不同操作系统、不同
浏览器中都能够正常显示的色彩集合，也就是说在任何
用户的显示设备上都能显示相同效果的色彩。使用 216
网页安全色彩进行网页配色可以避免失真问题。

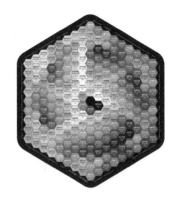

　　网页安全色是当红、绿、蓝三种基色的取值为 0、
51、102、153、204、255 时构成的颜色组合，共有 6×
6×6＝216 种颜色(其中彩色为 210 种，非彩色为 6
种)。216 网页安全色是根据当前计算机设备的情况通
过无数次反复分析论证得到的结果，这对于一个网页设
计师来说是必备的常识。

图 2-2　网页安全色

　　目前大部分显示器都可以支持数以百万计的颜色，所以在一般的网页设计和制作中，
可以不必局限在网页安全色的范围内。但是，对于页面中的主要文字区域或者背景的颜
色，最好选用网页安全色。

　　在进行网页设计时，没有必要刻意记忆 216 网页安全色中的每一种颜色，Photoshop
软件中已经设计了该功能。如图 2-3 所示，在【拾色器】对话框中选择"只有 Web 颜色"
选项，这时显示的就是网页安全色。另外，Photoshop 还提供了【色板】调板，可以显示
网页安全色，如图 2-4 所示。

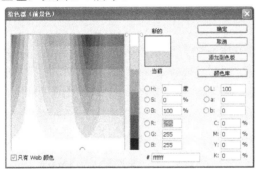

图 2-3　【拾色器】对话框

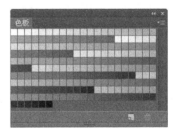

图 2-4　【色板】调板

2.3　色彩理论

　　人类对色彩的敏感度远远高于文字，访问者浏览网页时，首先注意到的是颜色，其次
才是文字与图像，所以，色彩搭配是网页设计的重要一环。本节将介绍一些色彩的基本理
论常识。

2.3.1　色彩的形成

　　在自然界中，色彩的形成离不开光的作用，色彩是以光为主体的客观存在，对于人类
则是一种视觉感受。所以色彩的产生基于三方面因素：一是有光存在；二是物体对光的反
射；三是人的视觉器官——眼睛。

1．光的颜色

首先从光说起，对于地球来说，最大的光源就是太阳，人们习惯上认为太阳光是白色的。在初中的物理实验课上，将一束阳光透过三棱镜折射到白色的屏幕上，就可以看到太阳光分解成了红、橙、黄、绿、青、蓝、紫等各种颜色的光，如图 2-5 所示，这种现象叫光的色散。

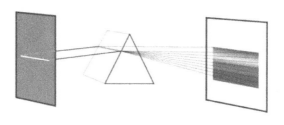

图 2-5 光的色散示意图

光的色散现象说明太阳光是复色光，由于它是由多种单色光混合而成的，而分解后的每一种光不能再继续分解，所以称为单色光。光的色散指的是复色光分解为单色光的现象。在各种不同的单色光中，红、绿、蓝被称为光的三原色。因为它们按不同的比例混合会产生丰富多彩的颜色。在红、绿、蓝这 3 种单色光中，每一种光的发光级别也不一样，共有 256 个级别(即 0～255)，其中 0 代表不发光；而 255 代表最亮，所有发光物体都是基于这种原理工作的，如电视机、显示器、投影仪等。

2．物体颜色

接下来介绍物体的颜色。物体本身具有固有色，但是没有光是看不见的，光线不同，物体所表现出的颜色也不同。

那么物体的颜色是如何呈现出来的呢？

当光线照射到物体上时，一部分光被物体吸收，一部分光被物体反射，如果物体是透明的，还有一部分光会透过物体。

不同的物体对不同颜色的反射、吸收和透过的情况是不同的，所以自然界中的物体呈现出不同的颜色。透明物体的颜色是由透过它的色光决定的，不透明物体的颜色是由它的反射色光决定的，如图 2-6 所示。

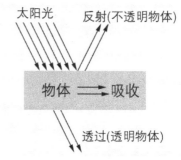

图 2-6 物体颜色的呈现

3．色彩的形成

五光十色的自然界是光、色(物体的固有色)与视觉三者的统一。

首先，没有光就没有色，比如在漆黑的夜晚是看不到颜色的。另外，视觉上不能存在问题，如色盲症，否则也无法辨别颜色。

其次，不同的物体对光色的吸收与反射能力各不相同，被物体吸收的光线是看不见的，只有被物体反射的光线才能看到。例如，当光照射到白色物体上，它反射所有的光线，所以看到的是白色；而当光照射到红色物体上，它反射红光而吸收了其它颜色的光，所以看到的是红色；而当光照射到黄色物体上，它反射黄光而吸收了其它颜色的光，所以看到的是黄色，如图 2-7 所示。

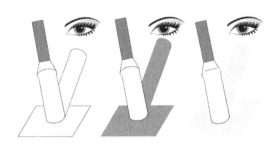

图 2-7　色彩形成示意图

2.3.2　色彩的三属性

色彩分为有彩色系和无彩色系。在有彩色系中，任何一种颜色都具有三种基本要素，即色相、饱和度和明度，也称为色彩的三属性。改变其中的任何一个要素，都将影响到原色彩的外观效果和色彩个性，三者不可分割，应用时必须同时考虑。

1．色相

色相(Hue)是指色彩的相貌，也是区别于其它色彩的必要名称，例如红、橙、黄、绿、青、蓝、紫等。色相是色彩的首要特征，是区别各种不同色彩的最准确的标准。从光学意义上讲，色相的差别是由光波波长的长短决定的。即便是同一类颜色，也能分为几种色相，例如黄色可以分为中黄、土黄、柠檬黄等。

最初的基本色相为红、橙、黄、绿、蓝、紫。在各色中间加插一两个中间色，按照光谱顺序为红、橙红、黄橙、黄、黄绿、绿、绿蓝、蓝绿、蓝、蓝紫、紫、红紫，从而制出十二色相环，如图 2-8 所示。

在这十二色相中如果进一步再找出其中间色，便可以得到二十四色相环。

在网页设计中，选择暖色相(如红色、橙色、黄色等)为主调，可以使网站显得喜庆、成熟或温馨；而选择冷色调(如青色、蓝色、紫色等)为主调，可以使网站显得宁静、深邃或优雅。

图 2-8　十二色相环

2．饱和度

饱和度(Saturation)是指色彩的鲜艳程度，也称色彩纯度。纯度越高，颜色越鲜明，纯度较低，颜色越暗淡。在英文中，Saturation 及 Chroma 讲的是同一回事。换句话说，饱和度是表明一种颜色中是否含有白色或黑色的成份。假如某颜色中不含有白色或黑色的成份，那就是纯色，饱和度最高；如果含有越多的白色或黑色成份，它的饱和度就是越低，颜色就不纯、不鲜艳。

3．明度

明度(Brightness)是指色彩的明亮程度。各种有色物体由于它们反射光量的区别而产生颜色的明暗、强弱。色彩的明度有两种情况：一是同一色相不同明度，如同一颜色在强光照射下显得明亮，弱光照射下显得较灰暗；二是各种颜色的不同明度，每一种纯色都有与其相应的明度，黄色明度最高，蓝紫色明度最低，红色、绿色为中间明度。

色彩的明度变化往往会影响到饱和度，如红色加入黑色以后明度降低了，同时饱和度也降低了；如果红色加白则明度提高了，饱和度却降低了。

2.3.3 色彩模式

色彩模式是数字世界中表示颜色的一种算法。在数字世界中，为了表示各种颜色，人们通常将颜色划分为若干分量。由于成色原理的不同，所以会有不同的色彩模式，每一种色彩模式都对应一种不同的媒介。

1．HSB 模式

前面介绍过颜色的三属性，即颜色具有色相、饱和度、明度三个基本属性，这实际上就是 HSB 模式。这是一种从视觉的角度定义的颜色模式。基于人类对色彩的感觉，HSB模型描述了颜色的三个特征。

色相 H(Hue)：指颜色的名称，在 0°～360°的标准色轮上，色相是按位置度量的。

饱和度 S(Saturation)：指颜色的纯度或鲜浊度。表示色相中彩色成分所占的比例，是以 0%～100%来度量的。

亮度 B(Brightness)：指颜色的相对明暗程度，通常是以 0%～100%来度量的。

2．RGB 模式

RGB 模式是基于光色的一种颜色模式，所有发光体都是基于该模式工作的，例如电视机、电脑显示器、幻灯片等都是基于 RGB 模式来还原自然界的色彩。

在该模式下，R 代表 Red(红色)，G 代表 Green(绿色)，B 代表 Blue(蓝色)，这三种颜色就是光的三原色。每一种颜色都有 256 个亮度级别，所以三种颜色通过不同比例的叠加就能形成约 1680 万种颜色(俗称"真彩色")，几乎可以得到大自然中所有的色彩。通俗地理解 RGB 模式，可以把它想象成红、绿、蓝三盏灯。当它们的光相互叠加的时候，就会产生不同的色彩，并且每盏灯有 256 个亮度级别。当值为 0 时表示"灯"关掉；当值为255 时表示"灯"最亮。如图 2-9 所示为 RGB 模式原理图。

3．CMYK 模式

CMYK 模式是针对印刷的一种颜色模式。印刷需要油墨，所以 CMYK 模式对应的媒介是油墨(颜料)。在印刷时，通过洋红(Magenta)、黄色(Yellow)、青色(Cyan)三原色油墨进行不同配比的混合，可以产生非常丰富的颜色信息，使用 0%～100%的浓淡来控制。从理论上来说，只需要 CMY 三种油墨就足够了，它们以 100%的比例混合在一起就应该得到黑色。但是由于制造工艺的原因，还不能造出高纯度的油墨，所以 CMY 三种油墨混合后的结果实际是一种暗红色。因此，为了满足印刷的需要，单独生产了一种专门的黑墨(Black)，这就构成了 CMYK 印刷四分色，如图 2-10 所示为 CMYK 模式原理图。

图 2-9 RGB 模式的原理图   图 2-10 CMYK 模式的原理图

4．RGB 模式与 CMYK 模式的关系

RGB 模式是光色模式，而 CMYK 模式是印刷模式，两者看上去相差甚远，实质上两者是互补关系，而且关系非常密切。

在颜色轮上，任何颜色都可以用其相邻的颜色组合而成，而相对的颜色称为互补色。由颜色轮可知，青、洋红、黄分别为红、绿、蓝的补色，而这几种颜色恰好是 CMYK 模式与 RGB 模式的三原色，这使得两种颜色模式之间建立了密切的联系。

(1) 区别。

◇ RGB 模式是针对发光体的，存在于屏幕等显示设备中。CMYK 模式是反光的，需要外界光源才能被感知。

◇ RGB 色域的颜色数比 CMYK 多出许多，但两者各有部分色彩是互相独立(即不可转换)的。

(2) 联系。

◇ RGB 模式是加色模式，CMYK 模式是减色模式。两个加色相加得到一个减色，两个减色相加得到一个加色。即红+绿=黄，绿+蓝=青，蓝+红=洋红；青+洋红=蓝，洋红+黄=红，黄+青=绿。

◇ 互补色可以完全吸收对方。

2.4 色彩的情感

色彩对人的心理影响是客观存在的，色彩通过视觉刺激，可以使人的心理产生微妙的变化。实际上，色彩本身是没有灵魂的，它只是一种物理现象，但是人们长期生活在一个充满色彩的世界中，积累了许多视觉经验，一旦直觉经验与外来色彩刺激产生一定的呼应时，就会在人的心理上引发某种情绪，人们把这种现象称为色彩的情感。

1．红色

红色对人眼睛的刺激效果最显著、最容易引人注目，也最能够使人产生心理共鸣。一般说来，红色在高饱和度时，能够向人们传递出活力、力量、坚持、急躁、愤怒、热烈、喜庆、兴奋、生命、革命、敬畏、残酷、危险等的心理信息。

如图 2-11 所示为一家酒店的网页，采用了暗红色，既突出喜庆、红火的气氛，又不会给人过度的视觉刺激，引起视觉疲劳。

2．橙色

橙色是仅次于红色波长的暖调色彩，让人联想到玉米、果实、桔子、秋叶等，所以橙色处于最饱和状态时，能够向人们传递喜悦、安全、刺激、温暖、华丽、富裕、丰硕、成熟、甜蜜、快乐、辉煌、富贵等心理信息。橙色没有红色那么激烈，在空气中的穿透力仅次于红色，适用范围较广，在网页设计中被应用于各种不同信息类型的网站，配合黑色、深灰色，显得非常时尚，如图 2-12 所示为橙色调的网页。

图 2-11　以红色为主调的网页　　　　　　　图 2-12　以橙色为主调的网页

 注意　　任何一种颜色都具有积极情感与消极情感两个方面，例如红色可以表达出喜庆、热烈、革命等积极情感，也可以传递出血腥、凶杀、恐怖等消极情感。另外，色彩所传达的情感与人们的社会意识、生活经验、风俗习惯、种族差异等因素密切相关。

3．黄色

黄色是所有色彩中最明亮的。黄色表现出乐观、光明、纯真、轻松、高贵、权势、诱惑等多种情感。黄色中加入黑则会丧失黄色特有的光明，表现出妒嫉、怀疑、失信及缺少理智；加白淡化为浅黄色时，它显得苍白乏力、幼稚等。

如图 2-13 所示为黄色调的网页，给人以清新、明朗的感觉。但是这种色调的网页并不多见，因为黄色过于明亮，容易引起视觉疲劳，所以黄色主要作为配色出现在网页中。

4．绿色

绿色是植物的颜色，象征着生命，对人的生理作用及心理反应均显得非常平静、温和。最纯正的绿色蕴涵着和平、和谐、放松、真诚、满意、慷慨、生命、青春、希望、舒适、安逸、公正等情感含义。如图 2-14 所示为绿色调的网页，整个网页给人以充满希望的感觉。

图 2-13　以黄色为主调的网页　　　　　　　图 2-14　以绿色为主调的网页

5．蓝色

蓝色最容易让人联想到大海和天空，它使人感到辽阔、永久和深远。一般情况下，饱和度高的蓝色表现出宽广、和平、希望、忠诚、灵活、容忍、纯洁、理想、深邃、博大、永恒、理想、信仰、尊严、保守、冷酷等心理感受。蓝色变淡时，它给人以高雅、轻盈、飘渺的美感；蓝色变暗时，则显示出朴素、顽强、孤独等感觉。一般地，科技企业类的网站多喜欢使用蓝色调，如图 2-15 所示。

6．紫色

紫色是一种在自然界中比较少见的颜色。象征着女性化，代表着高贵与奢华、优雅与魅力，也象征着神秘与庄重、神圣与浪漫。紫色在色相环中明度最低，注目性差，但是由于饱和度较高的紫色表现出高贵、纯洁、庄重、虔诚、神秘等心理感受，所以在网页设计中，紫色调的网页多与女性有关，如图 2-16 所示。

图 2-15　以蓝色为主调的网页

图 2-16　以紫色为主调的网页

7．黑色

黑色是没有纯度的颜色，它本身没有刺激性，但是与其它颜色搭配可以增强心理刺激。黑色与白色的搭配充满个性；黑色与橙色搭配则非常时尚；黑色与红色搭配则产生极强的视觉冲击力……黑色通常给人充实、刚正、毅力、永恒、严肃、力量、阴森、荒凉、恐怖、死亡、悲哀、沉默等心理感受。在网页设计中，黑色能和许多色彩构成良好的对比关系，运用范围很广，如图 2-17 所示为黑色调网页设计。

8．灰色

灰色是黑、白的中和色，介于黑色和白色之间。灰色能够吸收其它色彩的活力，削弱色彩的对立面。灰色是一种中立色，也被称为高级灰，是经久不衰的颜色。在心理上灰色有柔和、独立、平凡、谦逊、沉稳、孤独、含蓄、优雅、绝望、消极的感受。在网页设计中，合理运用灰色可以给人以高品味、含蓄、精致、耐人寻味的感觉，如图 2-18 所示为灰色调的网页。

9．白色

白色让人们联想到雪、白云、天鹅等，给人的心理感受是纯洁、光明、干净、孤立、宽广、无私、空虚、飘渺、和平等。白色在大多数的场合是被人们所喜欢的一种颜色。网页设计中，白色一直都是永恒的颜色，无论是作为网页的主色调还是配色，白色的使用都是最多的。

 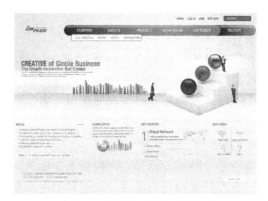

图 2-17 以黑色为主调的网页　　　　　图 2-18 以灰色为主调的网页

2.5 色彩的对比

两种不同的色彩放在一起，便产生了对比。色彩对比就是在特定的情况下，色彩与色彩之间的比较，它包含了四种类型的对比：色相对比、明度对比、冷暖对比、纯度对比。充分理解色彩的对比，对设计网页尤为重要。

2.5.1 色相对比

以色相差异为主要形式的对比称为色相对比。色相对比是色彩对比中非常重要的对比，它既可以发生在纯度高的颜色中，也可以出现在纯度低的颜色中。色相对比可分为同类色对比、邻近色对比、对比色对比、互补色对比等多种情形。

1．同类色对比

在色相环上相隔距离 15°以内的颜色被看作为同类色，如图 2-19 所示。这种色相对比是最弱的，一般看作是同一色相里的不同明度与纯度的对比，非常有利于统一色调，效果单纯、柔和、协调，但负面作用是容易出现单调呆板、平淡无力的感觉。

2．邻近色对比

在色相环上相隔距离 60°左右(不超过 90°)的颜色为邻近色，如图 2-20 所示。邻近色对比属于色相中的中对比，比同类色对比明显些、丰富些、活泼些，对比效果丰满、柔和，既保持了协调统一的优点，又克服了视觉不满足的缺点。

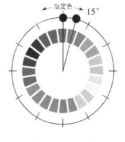 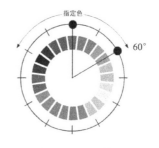

图 2-19 同类色　　　　　　　　图 2-20 邻近色

3. 对比色对比

在色相环上相隔距离 120°左右的颜色为对比色，如图 2-21 所示。对比色对比属于色相中的强对比，它要比邻近色对比鲜明、强烈、饱满。正是因为对比效果强烈，容易使人兴奋激动，所以过分地刺激会使视觉疲劳，处理不当会产生烦躁、不安之感。应用这类对比时一定要注意色彩的调和与统一，使画面协调一致。

4. 互补色对比

在色相环上两两相对的颜色为互补色，如图 2-22 所示，互补色对比是色相中最强烈的对比关系。对比效果更完整、更充实、更富有刺激性，其优点是饱满、活跃、生动、刺激。不足之处是有一种幼稚、原始的和粗俗的感觉，不含蓄，不雅致，过分的刺激易引起视觉疲劳。

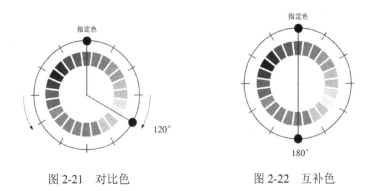

图 2-21 对比色　　　　图 2-22 互补色

2.5.2 明度对比

明度对比是指因明度之间的差别形成的对比。明度对比在色彩构成中占有重要位置，色彩的层次、体感、空间关系主要靠色彩的明度对比来实现。每一种颜色都体现出不同的明度，例如，柠檬黄明度高，蓝紫色的明度低，橙色和绿色属中明度，红色与蓝色属中低明度。

色彩的明度分为 11 个色阶，3 个基调。在明度色标中，凡是明度在 0～3 级的色彩称为低调色，4～6 级的色彩称为中调色，7～10 级的色彩称为高调色，如图 2-23 所示。

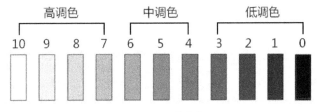

图 2-23 明度色标

色彩间明度差别的大小决定了明度对比的强弱。3 级差以内的对比称为短调对比；3～5 级差以内的对比称为中调对比；5 级差以外的对比称为长调对比。

根据明度基调和对比关系，明度对比又分为 10 种调子：

(1) 高长调，如 10：8：1，该调明暗反差大，感觉刺激、明快、积极、活泼。

（2）高中调，如 10∶8∶6，该调明暗反差适中，感觉愉快、清晰、鲜明、安定。

（3）高短调，如 9∶8∶7，该调明暗反差微弱，感觉优雅、柔和、高贵、软弱、朦胧、女性化。

（4）中长调，如 4∶6∶10 或 7∶6∶1，该调以中明度色作为基调，用浅色或深色进行对比，感觉强硬、稳重中显生动、男性化。

（5）中中调，如 4∶6∶8 或 7∶6∶3，该调为中对比，色彩效果饱满，有丰富含蓄的感觉。

（6）中短调，如 4∶5∶6，该调为中明度弱对比，感觉含蓄、平板、模糊。

（7）低长调，如 1∶3∶10，该调深暗而对比强烈，感觉雄伟、深沉、警惕、有爆发力。

（8）低中调，如 1∶3∶6，该调对比适中，感觉保守、厚重、朴实、男性化。

（9）低短调，如 1∶3∶4，该调深暗而对比微弱，感觉沉闷、忧郁、神秘、孤寂、恐怖。

（10）最长调，如 1∶10，该调是最明色与最暗色各占一半的配色，对比最强烈，感觉强烈、单纯、生硬、锐利、眩目等。

2.5.3　纯度对比

纯度指色彩的鲜艳程度，也可以称为饱和度。纯度在配色上具有强调主题、制造多种效果的作用。在配色方面，纯度对比与明度对比具有同等重要的地位。纯度对比是指以色彩三要素中的纯度差异为对比关系而呈现出的色彩效果。例如，一个鲜艳的红色与一个含灰的红色并置在一起，能比较出它们在鲜浊上的差异，这种色彩性质的比较，就是纯度对比。其中，以高纯度为主的色调能给人以丰富多彩、色感强烈且积极的色彩感觉，会使人们联想到节日气氛；以中纯度为主的色调，可以给人以厚实、丰富、稳定的感觉；以低纯度为主的色调，则给人以典雅、温馨、柔和的感觉。

纯度对比可以体现在单一色相的对比中，也可以体现在不同色相的对比中。对于同一色相，可以通过以下方法降低其纯度：

（1）加白色：纯色混合白色可以降低其纯度，提高明度，同时色调变冷，色彩感觉柔和，轻盈，明亮。

（2）加黑色：纯色混合黑色既降低了纯度，又降低了明度，同时色调变暗，失去原来的光亮感，色彩感觉沉稳、安定、深沉。

（3）加灰色：纯色混合中性灰色，则色彩变浊，相同明度的纯色与灰色混合，可以得到不含明度与色相变化的含灰色，色彩感觉柔和、软弱。

（4）加互补色：加入互补色等于加入深灰色，因为三原色相混合得深灰色，而一种色彩的补色，恰好是其它两种原色相混所得的间色，所以也就等于三原色相加。

在色相环的基础上，将纯色与同明度的灰色按等差比例混合，可以建立一个 11 等级纯度色标，如图 2-24 所示。

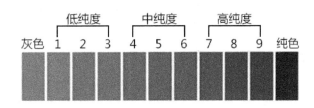

图 2-24　纯度色标

在纯度色标中，左侧为灰色，右侧为最纯色，中间划分为 9 个等级。纯度对比的强弱决定于纯度差，共分为 3 个纯度基调：

(1) 低纯度基调：由 1～3 级的低纯度色组成的基调，产生脏浊、含混无力的感觉。

(2) 中纯度基调：由 4～6 级的中纯度色组成的基调，产生温和、柔软、沉静的感觉。

(3) 高纯度基调：由 7～9 级的高纯度色组成的基调，产生强烈、鲜艳、明丽的感觉。

在选择色彩组合时，当基调色与对比色间隔距离在 5 级以上时，称为强对比；3～5 级时称为中对比；1～2 级时称为弱对比。据此可划分出 9 种纯度对比基本类型：

(1) 鲜强调，如 9∶8∶1，感觉鲜艳、生动、活泼、华丽、强烈。

(2) 鲜中调，如 9∶8∶5，感觉较刺激，较生动。

(3) 鲜弱调，如 9∶8∶7，由于色彩纯度都高，组合对比后互相起着抵制、碰撞的作用，故感觉刺目、俗气、幼稚、原始。

(4) 中强调，如 4∶6∶9 或 7∶5∶1，感觉适当、大众化。

(5) 中中调，如 4∶6∶8 或 7∶6∶3，感觉温和、静态、舒适。

(6) 中弱调，如 4∶5∶6，感觉平板、含混、单调。

(7) 灰强调，如 1∶3∶9，感觉大方、高雅而又活泼。

(8) 灰中调，如 1∶3∶6，感觉相互、沉静、较大方。

(9) 灰弱调，如 1∶3∶4，感觉雅致、细腻、耐看、含蓄、朦胧、较弱。

2.5.4　冷暖对比

由于色彩感觉的冷暖差别而形成的色彩对比称为冷暖对比。色彩的冷暖感觉并非肌肤的温度感觉，而是人们对色彩的一种心理反应，它与人们的生活经验相联系，是联想的结果。

一般来说，红、橙、黄色使人联想到太阳、火花、火炬、烧红的铁块等，从而与温暖的感觉联系起来。而青、蓝色使人联想到大海、蓝天、远山、雪地等，从而与凉爽的感觉联系起来。

色彩的冷暖感觉主要由色相决定的，在色相环上把红、橙、黄称为暖色，把橙色称为暖极；把蓝绿、蓝、蓝紫为冷色，把蓝色称为冷极，如图 2-25 所示。

在网页设计中，恰当地运用色彩的冷暖对

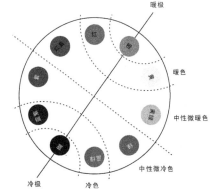

图 2-25　冷暖色的划分

比，不仅可以增强远近距离感，而且可以加强色彩的艺术感染力。

2.6 网页色彩搭配的方法

设计网页时，色彩的选择与搭配十分重要。好的色彩搭配会给访问者带来很强的视觉冲击力，不恰当的色彩搭配则会让访问者浮躁不安。一般来说，网站的主色调是由网站的主题决定的，另外，网站的用色也要关注流行色的发展。确定了网站的主色调以后，可以根据实际情况进行配色，既可以基于色彩三属性进行配色，也可以基于色彩情感进行配色，目的都是使网页作品达到一定的视觉效果。

2.6.1 基于色彩的三属性搭配

色彩的对比是色彩搭配的重要依据，通过学习前面的内容，可以知道色彩的对比分为色相对比、明度对比、纯度对比和冷暖对比，这些都是网页色彩搭配应该遵循的一些规律。下面介绍几种基本的配色设计。

1．无色系搭配

在网页配色时不使用彩色，只用黑、白、灰色进行协调统一，这种配色效果简洁、质朴又不失厚重，给人以冷淡而理智的感觉。

2．同一色搭配

只使用单一的色相，然后调整其明度和纯度，将色彩变淡或加深，从而产生色彩的对比，这样的页面看起来色调统一，具有层次感。但是，一定要将明度与纯度的层次拉开，否则会含混不清。同一色搭配只是视觉设计的一种方式，形式过于单调，无法创造出多变的作品。

3．邻近色搭配

邻近色是指在色相环上相邻的颜色，如绿色和蓝色、红色和黄色即互为邻近色。采用邻近色搭配可以避免网页色彩杂乱，过渡自然，易于达到页面和谐统一的效果，没有大起大落的感觉。

4．对比色搭配

在网页的色彩设计中，对比与协调是网页色彩搭配最为常见的要素，一般来说，色彩的强烈对比具有极佳的视觉诱惑力，在网页配色中应用较多；而协调是取得视觉和谐的方法，所以，配色设计时通常以一种颜色为主色调，以对比色作为点缀，起到画龙点睛的作用，既营造出和谐的美感，又做到特色鲜明、重点突出。

5．暖色调搭配

色彩是人的视觉最敏感的东西，具有明显的心理感觉。暖色调搭配是指红色、橙色、黄色、赭色等色彩的搭配。这种色调的运用，可以使网页呈现出温馨、和煦、热情的氛围。

6．冷色调搭配

冷色调搭配是指使用绿色、蓝色及紫色等色彩的搭配，这些颜色将对色彩主题起到冷静的作用，应用到网页上，可以营造出宁静、清凉和高雅的氛围。如果公司希望给客户一种沉稳、专业、科技的印象，那么可以选择使用冷色调作为网站的主要颜色。

2.6.2 基于情感的色彩搭配

色彩本无情感内容，但却能通过视觉影响到人们的情绪、思想、行为等，所以是人类赋予了色彩不同的情感。以下是多色配色词典，是基于色彩情感的配色方案：

- ❖ 浪漫色调。浪漫色调是由淡粉色和白色微妙组成的，如图 2-26 所示，轻柔、温和，有点幻想色彩和童话般的氛围。
- ❖ 娇美色调。娇美色调比浪漫色调略微鲜艳一些，天真、可爱，甜美而有生气，由浅色、粉色构成，以暖色系为主，如图 2-27 所示。

图 2-26 浪漫色调   图 2-27 娇美色调

- ❖ 轻快色调。轻快色调也是以暖色系为中心的，如图 2-28 所示，色相配色的倾向比较明显，因而鲜明、开放、轻松、自由，节奏感比较强。
- ❖ 动感色调。动感色调由鲜、强色调的暖色为主配成，如图 2-29 所示，是典型的色相配色，形成生动、鲜明、强烈的色彩感觉。

图 2-28 轻快色调   图 2-29 动感色调

- ❖ 优雅色调。优雅色调是以浊色为中心的稳重色调，如图 2-30 所示，配色细腻，对比度差形成女性化的优雅气氛。
- ❖ 华丽色调。华丽色调是由强色调和深色调为主的配色，如图 2-31 所示，形成浓重、充实的感觉，是艳丽、豪华的色调。

图 2-30 优雅色调   图 2-31 华丽色调

- ❖ 自然色调。自然色调是以黄、绿色相为主构成的，如图 2-32 所示，有时候加上少量深颜色，稳重而柔和，是朴素的自然情调。
- ❖ 古典色调。古典色调是由浊色为中心构成的，以深暖色居多，如图 2-33 所示，是传统的深色调，沉着、坚实，富有人情味。

图 2-32 自然色调   图 2-33 古典色调

❖ 时尚色调。时尚色调介于优雅色调与潇洒色调之间，整体上偏冷色调，它以浊色为主，如图 2-34 所示，显示出高品位的典雅格调。

❖ 潇洒色调。潇洒色调是以暗的冷色为主加上少量对比色构成，如图 2-35 所示，有安定厚重的感觉，是富有格调的男性情调。

图 2-34　时尚色调　　　　　　　　　　　图 2-35　潇洒色调

❖ 清爽色调。清爽色调是以白色和冷色调为主构成的，如图 2-36 所示，清澈、爽朗，具有单纯而干净的感觉。

❖ 现代色调。现代色调是硬而冷的色调，如图 2-37 所示，具有技术性、功能性的理智形象。有时可用暖色调节，以增加变化。

图 2-36　清爽色调　　　　　　　　　　　图 2-37　现代色调

2.7　网页色彩搭配原则

网页的色彩搭配是一项艺术性很强的工作，首先需要根据网站主题确定主色调，然后再从艺术的角度考虑如何搭配颜色，这时一定要遵循一定的艺术规律，设计出色彩鲜明、性格独特的网站。

1. 色彩的鲜明性

远看色，近看形，色彩永远是平面或网页设计中的首要元素。网页色彩的选择与搭配一定要鲜明，这样比较容易引人注意，会给浏览者耳目一新的感觉。色彩鲜明并不是说色彩一定要鲜艳，而是色彩搭配上独树一帜，能够瞬间抓住访问者的注意力，并留下深刻的印象。

2. 色彩的独特性

一个网站的色彩设计必须要与众不同，有自己独特的风格，这样才能给浏览者留下深刻的印象。不管是个人网站还是企业网站，是一个网页还是整个网站，都应该有自己独特的风格。如果没有自己的特色，最多只能停留在美观层面上，无法达到专业层面。另外，网页用色也要结合网站特点，力求独特，给访问者以新鲜感。

3. 色彩的艺术性

网页设计属于平面设计的范畴，但又与其它平面设计不同，所以网页的色彩设计既要遵循平面设计的艺术规律，又要考虑到网站本身的一些特点，如显示器分辨率的限制、网页浏览器对 HTML 文档解释的差异性等，做好整体规划与色彩设计，按照内容决定形式的原则，大胆地进行艺术创新，使网页表现出一定的艺术特色。

4．色彩的合理性

对于网页设计来说，色彩的合理性主要包括两个方面：一是色彩的选择要根据网站主题来确定。例如，用蓝色体现科技型网站，用粉红色体现女性网站等；二是色彩搭配要合理，要给人一种和谐、愉快的感觉，避免采用纯度很高的单一色彩，这样容易造成视觉疲劳。

　　一般初学者在设计网页时往往使用多种颜色，使网页变得很"花哨"，缺乏统一与协调感，缺乏内在的美感。事实上，网站用色并不是越多越好，一般控制在三种色彩以内，然后通过调整色彩的各种属性来产生变化。

本 章 小 结

网页设计属于视觉设计的范畴，色彩的选择与搭配相当重要，因为访问者对网页的第一印象往往来自于视觉，然后才是网页信息。所以，本章主要介绍了一些关于色彩的基础知识以及网页配色的方法。通过本章的学习，读者应该做到：

◇　了解网页色彩对访问者情绪的影响，网页安全色的概念与使用。

◇　认识色彩的形成，光、固有色、视觉之间的关系，色彩的三属性。

◇　掌握常用色彩模式的原理，RGB 模式与 CMYK 模式之间的关系。

◇　了解不同的色彩代表不同的情感，掌握一些常用颜色所表达的情绪，并且能够应用到网页设计中。

◇　掌握色彩对比的类型，熟悉色相对比、明度对比、纯度对比、冷暖对比的定义及其在设计中的运用。

◇　掌握网页色彩搭配的方法，能够在设计网页时基于色彩的三属性进行配色，也能够基于色彩的情感进行配色。

◇　掌握网页色彩搭配的基本原则。

本 章 习 题

1．网页安全色共有_____种颜色。

　　A．256　　　　　B．216　　　　　C．128　　　　　D．1024

2．在各种纯颜色中，_____的明度最高。

　　A．红色　　　　　B．绿色　　　　　C．黄色　　　　　D．紫色

3．以下色彩模式中，基于光色的模式是_____。

　　A．RGB　　　　　B．HSB　　　　　C．CMYK　　　　D．Lab

4．互补色是指在色相环上呈_____的颜色。

　　A．30°　　　　　B．60°　　　　　C．120°　　　　D．180°

5．色彩的三属性是指_____、_____和_____，它所对应的色彩模式是_____。

6．色相对比可分_____、_____、_____和_____等多种形式。

7．简述明度的 3 个基调与 10 种对比关系。

8．简述基于色彩三属性进行配色的几种常见方式。

9．简述网页色彩搭配的原则。

第 3 章 Photoshop 基础操作

本章目标

- 了解 Photoshop 的发展过程与应用领域

- 熟悉 Photoshop 的工作界面

- 掌握新建、打开、保存文件的操作

- 学会控制图像的缩放显示方法

- 掌握辅助工具的基本使用

- 学会设置颜色

- 理解图层的概念并掌握其基本操作方法

3.1　认识 Photoshop

从事网页设计的读者一定听说过"网页设计三剑客",原来它是指 Dreamweaver、Flash 和 Fireworks 三款软件,自从 Adobe 收购 Macromedia 公司以后,大部分设计者更喜欢使用 Photoshop 来代替 Fireworks 的工作,并且 2013 年 5 月,Adobe 公司宣布终止 Fireworks 的开发,所以 Photoshop 已经成为网页设计的必备工具之一。

3.1.1　Photoshop 的发展与应用

Photoshop 是迄今为止世界上最畅销的图像处理软件,随着版本的不断升级,它的功能越来越强大。毫不夸张地说,Photoshop 不仅仅是一个图像处理工具,更是每一个设计师生活的一部分,几乎所有的设计都离不开 Photoshop。

1. Photoshop 发展综述

Photoshop 的诞生也不是一帆风顺的,回顾 Photoshop 的发展历史,可以将其发展过程划分为四个阶段:

(1) 初步形成阶段。

1987 年,美国密歇根大学博士研究生 Thomas Knoll 为了能够在黑白监视器上显示灰阶图像,他编写了一个程序,命名为 Display。在一次产品展示会上,他接受了一个参展观众的建议,把这个软件更名为 Photoshop。

1988 年夏天,John Knoll(Thomas 的哥哥)决定实现这个程序的商业价值,他四处奔走,寻找投资公司,但当时的知名大公司如 SuperMac、Alcus、Adobe 等都瞧不起这个软件。最后,一家扫描仪公司买了大约 200 份 Photoshop 拷贝,与扫描仪一起捆绑出售。再到后来,John 重返 Adobe 公司进行另一次演示,获得艺术总监 Russell Brown 的青睐,果断地买下了 Photoshop 的发行权。

1990 年,Photoshop1.0 发布。

1991 年,Photoshop 2.0 发布,引起了桌面印刷革命。

1993 年,Photoshop 2.5 发布,同时支持 Mac 和 Windows 系统。

1994 年,Photoshop 3.0 发布,引入全新的图层功能。

(2) 快速发展阶段。

1997 年 9 月,Photoshop 4.0 发布。当时 Adobe 公司为了使所有产品都具有相似的外观和操作方法,对 Photoshop 4.0 的用户界面改变较大。经过一段时间的推广与使用,市场份额越来越大,给 Adobe 公司带来了很大的商业利润,此时 Adobe 公司意识到 Photoshop 的重要性,决定把 Photoshop 版权全部买断。从此 Photoshop 进入一个快速成长、不断发展的新阶段,成为图像处理的行业标准。

1998 年,Photoshop 5.0 发布,引入多步撤消、图层样式、色彩管理等新功能,并且推出了中文版 Photoshop 5.02。

1999 年,Photoshop 5.5 发布,增加了 Web 功能,整合了 ImageReady 2.0,开始支持

网页作品设计。

2000 年，Photoshop 6.0 发布，出现了工具选项栏，并引入了 Shape(形状)概念，矢量功能有所增强。

2002 年，Photoshop 7.0 发布，增强了数码照片处理功能，如修复画笔工具、RAW 插件、文件浏览器等。

(3) 战略整合阶段。

经过前期的快速发展，Photoshop 击败了所有的同类软件，发展到 Photoshop 7.0 版本已经非常成熟。但是 Adobe 公司并没有停止前进的脚步，为了不断巩固市场，紧跟社会发展，2003 年，在推出 Photoshop 8.0 版本时，Adobe 公司改名为 Photoshop Creative Suite，即 Photoshop CS。这表明 Photoshop 已经不再是一个独立的图像处理工具，而是与其它系列产品组合成的一个创作套装软件，更加强调协同工作，目的是给用户创建一个更广阔的设计创意环境。

Photoshop CS 的新功能大部分是为数码相机而开发，如支持相机 RAW 2.x、阴影/高光命令、颜色匹配命令、镜头模糊滤镜等。

2005 年，Photoshop CS2 发布，支持相机 RAW 3.x、引入智能对象、镜头校正滤镜、支持选择多个图层等。

2007 年，Photoshop CS3 发布，最大的变化是取消了 ImageReady，将其动画功能整合到了 Photoshop 中，另外，新增了黑白命令、智能滤镜等。

2008 年，Photoshop CS4 发布，套装拥有一百多项创新，支持 3D 功能、支持 64 位操作系统等。

2010 年，Photoshop CS5 发布，新增了选择性粘贴命令、内容识别填充、操控变形、支持 HDR(即高动态范围)调节等。

2012 年，Photoshop CS6 发布，采用了深色的用户界面，增加了图层过滤器、绘制虚线、自动备份、自适应广角、油画滤镜等。

(4) 云技术阶段。

2013 年 6 月，Photoshop CC 发布，新增功能包括去防抖动功能、Camera RAW 的改进、图像提升采样、Behance 集成等。CC 是 Creative Cloud 的缩写，从这个版本开始，Photoshop 进入了云技术服务阶段，不再提供 Creative Suite 设计套件的盒装销售和后续版本研发，用户只能通过 Creative Cloud 云服务和订阅方式获得最新版软件。

2. Photoshop 的应用

Photoshop 的应用领域非常广泛，在图形、图像、文字、视频、出版、印刷等多方面都有涉及。它的应用涵盖了平面设计、影像创意、网页制作、室内外设计、照片修复、数码及婚纱照片处理、软件界面设计等很多领域。

(1) 平面设计。

Photoshop 应用最广泛的领域是平面设计。平面设计是一个非常宽泛的概念，涉及面比较广，无论是书籍装帧设计、包装设计、海报/招贴设计、画册设计、单页或折页设计，还是报纸广告、名片、POP、展架等设计，都可以认为是平面设计。这些具有丰富图像信息的印刷品，基本上都需要使用 Photoshop 软件对图像进行处理，如图 3-1 所示为化妆品的广告设计。

图 3-1 化妆品广告设计

(2) 影像创意。

影像创意是 Photoshop 的特长，通过 Photoshop 的处理可以将原本风马牛不相及的对象组合在一起，也可以使用"狸猫换太子"的手段使图像发生面目全非的巨大变化。这可以充分发挥用户的想象力，创作出魔幻般的作品，如图 3-2 所示。

图 3-2 影像创意作品

(3) 界面设计。

界面设计是一个比较边缘的设计领域，但并不是不重要。现在，越来越多的软件、游戏开发企业以及程序设计人员开始重视程序界面的设计，既包括结构安排的合理性，也包括界面元素的审美性。实际上，涉及界面设计的项目很多，如多媒体、课件、应用程序、手机软件等，如图 3-3 所示为使用 Photoshop 设计的用户界面。

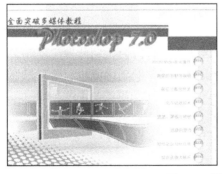

图 3-3 界面设计案例

(4) 网页制作。

网络的普及是促使更多人学习 Photoshop 的一个重要原因。在制作网页时，Photoshop

是必不可少的工具之一，通常使用它来设计网页版面、优化网页中的图像、处理网页中的图片、制作网页效果图等。如图 3-4 所示为使用 Photoshop 设计的网页效果图。

图 3-4　网页设计效果图

(5) 在室内外设计中的应用。

在制作室内外效果图时，必须使用 Photoshop 进行后期处理，这也是一个不错的行业。如图 3-5 所示为使用 Photoshop 处理的室内外效果图。

图 3-5　室内外效果图

(6) 摄影与数码后期。

摄影作为一种对视觉要求非常严格的工作，最终成品往往要经过 Photoshop 的修改，以求完美。正是由于 Photoshop 具有越来越强大的数码功能，所以它在摄影与数码后期方面的应用非常普遍。现代婚纱影楼中专门设有数码后期的岗位，使用 Photoshop 对照片进行修片、调色与排版。

(7) 淘宝修图。

随着电子商务的快速发展，在淘宝网上开店成为一种时尚，由此催生了淘宝美工的职业，主要职责是对淘宝网店进行装修，制作淘宝宝贝图片、店面海报、宝贝描述等，而这些都需要由 Photoshop 来完成。

以上只是 Photoshop 的一些主要应用领域。随着社会的发展，Photoshop 的应用领域也在不断扩展，例如制作特效文字、绘画、修复老照片等。

3.1.2　Photoshop 的工作界面

Photoshop 的启动与其它 Windows 应用程序一样，安装以后可以通过【开始】菜单进行启动。启动以后将出现 Photoshop 工作界面，如图 3-6 所示。

图 3-6　Photoshop CS6 的工作界面

　本书采用 Photoshop CS6 版本进行学习。默认情况下，Photoshop CS6 的工作界面是黑色的，但是可以通过首选项进行更改。单击菜单栏中的【编辑】/【首选项】/【界面】命令，在打开的【首选项】对话框中，可以看到有 4 种颜色方案，选择自己喜欢的一种即可。

1．菜单栏

Photoshop CS6 的菜单栏没有什么变化，与其应用程序一样，位于工作界面的最上方，这些菜单中包含了 Photoshop 的大部分操作命令。对于菜单命令的使用有以下几种方法：

(1) 鼠标操作法：使用鼠标单击菜单名称，在打开的菜单中再单击需要执行的命令即可。

(2) 热键操作法：每一个菜单名称与命令后面都有一个带括号的字母，称为热键。按住键盘上的 Alt 键，再敲击菜单名称的热键，可以打开相应的菜单，这时再敲击菜单命令后面的热键，就可以执行该菜单命令。例如，要执行【文件】/【打开】命令，可以按下 Alt+F 键，再按下 O 键。

(3) 快捷键操作法：菜单中的大部分命令都有快捷键，使用快捷键是执行菜单命令最快速的方法，它不需要打开菜单就可以直接执行。例如，要执行【文件】/【打开】命令，可以直接按下 Ctrl+O 键。

2．工具选项栏

工具选项栏是 Photoshop 的重要组成部分，在使用任何工具之前，都要在工具选项栏中对其进行参数设置。选择不同的工具时，工具选项栏中的参数也将随之发生变化。

3．工具箱

工具箱位于工作界面的左侧，可以任意调整其位置。另外，它还提供了单排与双排两种显示模式，单击工具箱左上角的“双箭头”图标，可以在两种模式之间进行切换。工具箱中放置了 Photoshop 的所有创作工具，包括选择工具、修复工具、填充工具、绘画工具、路径工具等。

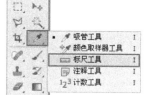

工具箱中的工具很多，但是工具箱表面只能显示 20 个工具，要使用某个工具时，直接单击即可。当要选择隐藏的工具时，首先要知道隐藏工具所处的位置，然后在该工具按钮上单击鼠标右键，这时会出现一个工具选项列表，单击要选择的工具即可，例如选择“标尺工具”，如图 3-7 所示。

吸管工具
颜色取样器工具
标尺工具
注释工具
计数工具

图 3-7　选择隐藏工具

注意　仔细观察工具箱可以发现，大部分工具按钮的右下角有一个非常小的黑色三角标识，说明这是一组工具而不是一个工具，即该工具下含有隐藏工具。对于初学者来说，一定要记住每一个工具所处的位置。

4. 控制面板

控制面板主要用来监视、编辑和修改图像，通常位于工作界面的右侧，而且以组的形式出现，可以随意展开与折叠、拆分与组合。

在网页设计过程中，常用的控制面板有【图层】面板、【字符】面板、【属性】面板等。Photoshop 中所有的面板都可以通过【窗口】菜单打开或关闭。

控制面板的右下角呈 状，表示该控制面板的大小可以进行调整，将光标指向面板的四边或角端，当光标变为双向箭头时拖曳鼠标，可以改变面板的大小。

注意　在处理图像的过程中，有时为了使工作空间更大，通常隐藏控制面板。操作比较简单，重复按 Shift+Tab 键，可以显示或隐藏控制面板；另外，重复按 Tab 键，可以显示或隐藏控制面板、工具箱及工具选项栏。

5. 图像窗口

无论是新建文件还是打开文件，都会出现一个窗口，这个窗口称为“图像窗口”。在 Photoshop CS6 中，图像窗口以标签的形式出现，如图 3-8 所示，从而使窗口之间的切换比较方便，直接单击要激活的图像窗口的标签即可。

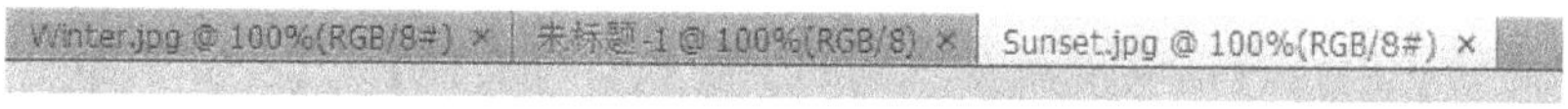

Winter.jpg @ 100%(RGB/8#) ×
未标题-1 @ 100%(RGB/8) ×
Sunset.jpg @ 100%(RGB/8#) ×

图 3-8　多个图像窗口标签

图像窗口以标签的形式显示虽然有方便之处，但也存在不足。例如，当在两个或多个图像之间复制图层时，非常不方便，这时可以将图像窗口变为浮动状态，方法是单击菜单栏中的【窗口】/【排列】/【使所有内容在窗口中浮动】命令。

3.2　Photoshop 基本操作

利用 Photoshop 进行网页设计，必须熟练掌握 Photoshop 的基本操作，例如文件创建与保存、图像窗口的控制、撤消与还原操作、使用辅助工具、颜色的设置等。

3.2.1　文件的基本操作

文件的基本操作是任何一个应用软件都要使用的功能。本节主要介绍 Photoshop 中图像文件的基本操作方法，包括新建、打开与保存文件等。

1．新建文件

创建新文件是 Photoshop 工作的开始，新文件的规格是由工作任务决定的，也就是说，图像的尺寸、分辨率等参数取决于要完成的任务。这一点很重要，一旦设置了无效参数，可能导致前功尽弃。新建文件的基本步骤如下：

(1) 单击菜单栏中的【文件】/【新建】命令，或者按下 Ctrl+N 键，则弹出【新建】对话框，如图 3-9 所示。

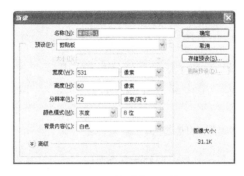

图 3-9　【新建】对话框

(2) 在【新建】对话框的【名称】文本框中输入要创建的文件名称，系统的默认名称为"未标题 1"，这里最好起一个与文件相关的名字，方便以后查找。另外，如果这里没有命名，也可以在保存文件时命名。

(3) 在【宽度】与【高度】文本框中输入图像的宽度和高度，这个尺寸是由设计任务决定的。

(4) 在【分辨率】文本框中输入合适的分辨率，并选择其单位为"像素/英寸"。

 在 Photoshop 中，图像的分辨率是指单位长度上的像素数，习惯上用每英寸中的像素数来表示，因此单位是"像素/英寸"。一般地，分辨率越高，图像越清晰。根据经验，用于印刷的图像，分辨率的值不要低于 300 像素/英寸；用于网页的图像，分辨率设置为 72 像素/英寸。

(5) 在【颜色模式】下拉列表中选择"RGB 颜色"。在 Photoshop 中有很多种颜色模式，如 RGB、CMYK、Lab、灰度等，它们各有各的用途。建立图像文件时一般选择 RGB 模式。

(6) 在【背景内容】下拉列表中选择"白色"。

(7) 单击【确定】按钮，建立了一个空白图像文件。

2．打开文件

如果要编辑一个已经存在的图像文件，则需要打开该文件。打开图像文件的基本操作步骤如下：

(1) 单击菜单栏中的【文件】/【打开】命令，或者按下 Ctrl+O 键，则弹出【打开】

对话框，如图 3-10 所示。

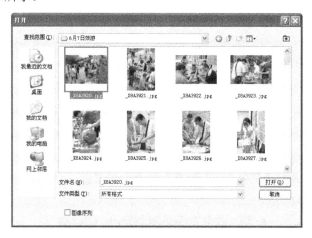

图 3-10　【打开】对话框

(2) 在【查找范围】下拉列表中找到图像文件所在的文件夹。

(3) 在下方的文件列表中单击要打开的文件，则【文件名】文本框中出现该文件的名称。

(4) 单击【打开】按钮，打开所选的图像文件。

 　通过【打开】对话框，可以同时打开多个图像文件，只要在文件列表中选择所需要的几个文件并单击【打开】按钮即可。选择文件时如果按住 Ctrl 键，可以选择不连续的多个文件；而按住 Shift 键，则可以选择连续的多个文件。

在 Photoshop CS6 的【文件】菜单中还有一个【最近打开文件】命令，该命令的子菜单中记录了最近打开过的图像文件名称，默认情况下可以记录 10 个最近打开的文件，如图 3-11 所示。

图 3-11　最近操作过的 10 个文件

3.保存文件

在处理图像的过程中，一定要养成及时保存文件的好习惯，以免发生突然断电等意外事故造成不可挽回的损失。保存图像文件有以下三种方法：

方法一：单击菜单栏中的【文件】/【存储】命令，或者按下 Ctrl+S 键即可。如果是第一次执行该命令，将弹出【存储为】对话框，如图 3-12 所示。

◇　在【保存在】下拉列表中选择要存放图像的文件夹。

图 3-12　【存储为】对话框

◇ 在【文件名】文本框中输入文件的名称。文件名称最好与图像内容有关，这
样可以方便对文件的查找。

◇ 在【格式】下拉列表中选择图像的保存格式。默认情况下为 PSD 格式，这是
Photoshop 的缺省文件格式，其它图像软件很难读取此格式的文件。一般情
况下，如果作品尚未最后完成，都要选择 PSD 格式进行保存。

方法二：单击菜单栏中的【文件】/【存储为】命令，或者按下 Shift+Ctrl+S 键，可以
将当前编辑的文件按指定的格式换名存盘，当前文件名将变为新文件名，原来的文件仍然
存在。

方法三：单击菜单栏中的【文件】/【存储为 Web 所用格式】命令，可以将图像文件
保存为网络图像格式，并且可以对图像进行优化，如图 3-13 所示。

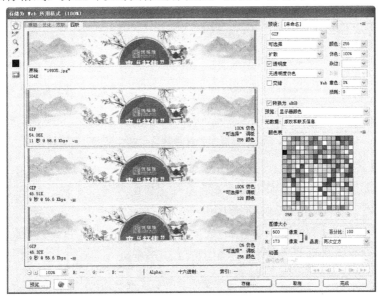

图 3-13　【存储为 Web 所用格式】对话框

3.2.2 图像的缩放控制

图像的缩放显示与控制操作是图像处理过程中使用比较频繁的一种操作，可以通过改变图像的显示比例，达到高效工作的目的。

1. 缩放显示

在图像编辑过程中，经常需要将图像的某一部分进行放大或缩小，以便于操作。放大图像的目的是为了处理细节；缩小图像的目的是为纵观全局。在 Photoshop 中，缩放显示图像的方法很多，这里简要叙述一下。

第一，使用缩放工具。选择工具箱中的【缩放工具】，将光标移动到图像上，则光标变为形状，每单击一次鼠标，图像将放大一级，并以单击的位置为中心显示；按住 Alt 键，则光标变为状，每单击一次鼠标，图像将缩小一级。

如果要放大图像中的某一个区域，可以使用【缩放工具】工具在要放大的图像部分上拖曳鼠标，这时将出现一个虚线框，释放鼠标后，虚线框内的图像将充满窗口，如图 3-14 所示。

第二，使用菜单命令或快捷键。在 Photoshop 的【视图】菜单中，使用【放大】命令可以对图像放大一级显示，其快捷键是 Ctrl+＋键；使用【缩小】命令可以将图像缩小一级显示，其快捷键是 Ctrl+－键。

第三，使用【导航器】面板。在【导航器】面板的下方有一个百分比数值框，在这里可以直接输入百分比，小于 100％是缩小显示图像，大于 100％是放大显示图像。另外，也可以拖动右侧的滑块，改变图像的缩放显示比例，如图 3-15 所示。

图 3-14　局部放大图像　　　　　图 3-15　【导航器】面板

在实际工作中有一个使用比较频繁的小技巧，即双击【缩放工具】，则图像以 100％比例显示；双击【抓手工具】，则图像将以屏幕最大尺寸显示，即适合屏幕。

2. 查看图像

图像被放大显示以后，图像窗口不能将全部图像内容显示出来。那么又该如何查看图像的某一部分呢？Photoshop 提供了一个用于平移图像的抓手工具。

选择工具箱中的【抓手工具】，将光标移动到图像上，当光标变为"手形"时拖曳鼠标，可以查看图像的不同部分。

任何情况下按下空格键，光标都将变为"手形"，也就是说，不管当前工具是什么工具，一旦按下了空格键，当前工具就变为抓手工具，此时拖曳鼠标可以查看图像的不同部分。

查看图像的整体效果时，还可以全屏显示。在 Photoshop 中，图像在屏幕上有三种显示模式：标准屏幕模式、带有菜单栏的全屏模式和全屏模式。反复按键盘中的 F 键可以在三种显示模式之间切换，也可以在工具箱下方单击【更改屏幕模式】按钮，在打开的列表中选择相应的模式，如图 3-16 所示。

图 3-16　更改屏幕模式

3.2.3　掌握恢复操作

在编辑图像的过程中，难免会出现操作错误的时候，所以学会及时撤消与恢复是非常重要的，也是初学 Photoshop 必须掌握的基本操作。

1．撤消与恢复

撤消是指撤消最后一次操作，恢复与撤消是相对的一组概念，恢复是指撤消"撤消"操作。撤消与恢复操作的方法如下：

◇ 单击菜单栏中的【编辑】/【还原】命令，或者按下 Ctrl+Z 键，可以撤消最后一步操作。

◇ 单击菜单栏中的【编辑】/【重做】命令，或者按下 Ctrl+Z 键，即可恢复上一步操作。

◇ 单击菜单栏中的【编辑】/【前进一步】命令，可以一步一步地重做被撤消的操作，快捷键为 Shift+Ctrl+Z。

◇ 单击菜单栏中的【编辑】/【后退一步】命令，可以一步一步地撤消所有执行过的操作，快捷键为 Alt+Ctrl+Z。

撤消与恢复是实际操作中使用频率较高的，一直伴随着整个工作过程。一般地，如果只撤消与恢复一步操作，可以使用 Ctrl+Z 键完成；如果撤消与恢复 3～5 步操作，可以使用 Alt+Ctrl+Z 键或 Shift+Ctrl+Z 键完成；如果撤消与恢复的步数比较多，使用【历史记录】面板最方便。

2．恢复到最近保存的图像

编辑图像时，如果要将图像恢复到打开时或最后一次存盘状态，利用撤消与恢复操作显得非常繁锁，而且有时候不能完全恢复。这时，单击菜单栏中的【文件】/【恢复】命令，快捷键是 F12，即可将图像将恢复到最后一次保存的图像状态。

3．使用【历史记录】面板

通过【历史记录】面板可以将当前工作状态恢复到最近创建的任一图像状态，因为用户在图像中所做的每一步操作都记录在【历史记录】面板中。默认情况下，在【历史记录】面板中最多可以记录 20 步操作。最早的操作位于列表的顶部，最新的操作位于列表的底部，如图 3-17 所示。

要使用【历史记录】面板对图像进行恢复，可以单击历史记录状态列表中的操作名称，单击哪一步就恢复到哪一

图 3-17　【历史记录】面板

步，非常方便。

3.2.4 使用额外辅助工具

Photoshop 提供了很多辅助设计工具，如标尺、参考线、网格等，使用它们可以完成精确定位、对齐与分布等操作。

1. 标尺的设置

使用标尺可以在图像中精确定位，从而为设计的精确性提供了依据。

单击菜单栏中的【视图】/【标尺】命令，或者按下 Ctrl+R 键，可以显示或隐藏标尺。水平标尺和垂直标尺的交汇点称为标尺原点，位于窗口的左上角。

默认情况下标尺的单位为厘米，如果需要使用其它单位(如毫米、像素、百分比)等，可以在标尺上单击鼠标右键，然后选择所需的单位即可，如图 3-18 所示。

另外，单击【信息】面板上的 ✛ 按钮，在弹出的菜单中也可以选择所需的标尺单位，如图 3-19 所示。

图 3-18　单击右键更改单位　　　　　图 3-19　【信息】面板

2. 参考线的设置

在 Photoshop 中编辑图像时，使用参考线同样可以实现精确定位。使用参考线可以采用下述方法：

- ◇ 显示标尺，将光标指向水平或垂直标尺向右或向下拖曳鼠标，可以创建水平或垂直参考线。按住 Alt 键时的同时从水平标尺向下拖曳鼠标可以创建垂直参考线，从垂直标尺向右拖曳鼠标可以创建水平参考线。
- ◇ 单击菜单栏中的【视图】/【新建参考线】命令，则弹出【新建参考线】对话框，如图 3-20 所示，可以设置新建参考线的取向与精确位置。
- ◇ 选择工具箱中的【移动工具】 ➤➕，将光标指向参考线，当光标变为双向箭头时拖曳鼠标，可以移动参考线的位置。
- ◇ 单击菜单栏中的【视图】/【清除参考线】命令，可以删除图像窗口中所有的参考线。
- ◇ 单击菜单栏中的【视图】/【锁定参考线】命令，可以锁定图像窗口中所有的参考线。

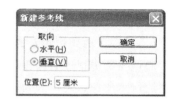

图 3-20　【新建参考线】对话框

3. 网格线的设置

网格线也是一种实用的辅助工具，使用网络线可以对图像进行比较精确的定位。单击菜单栏中的【视图】/【显示】/【网格线】命令，可以显示网络线，如图 3-21 所示。

图 3-21　显示的网格线

默认情况下的网格线呈灰色，每一个网格又细分为 5 个单位。用户可以根据需要自定义网格线的属性，单击菜单栏中的【编辑】/【首选项】/【参考线、网格和切片】命令，在弹出的【首选项】对话框中，可以设置网格颜色、网格线样式、网格大小、网格细分等内容，如图 3-22 所示。

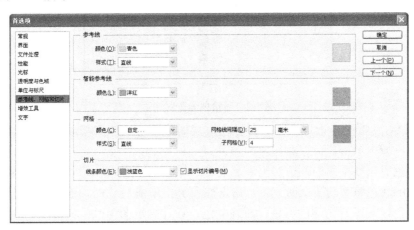

图 3-22　【首选项】对话框

注 意　【首选项】命令是自定义 Photoshop 的重要命令之一，通过它可以对 Photoshop 进行个性化设置，例如界面颜色、常规操作、性能、增效工具、光标形状等。在参考线、网格和切片一栏中还可以设置参考线的颜色与样式、切片线条的颜色等。

3.2.5　颜色的设置

无论是网页设计还是平面设计，颜色都是非常重要的。在 Photoshop 中完成设计的过程就是不断运用颜色的过程。Photoshop 为用户设置颜色提供了多种解决方案。

1. 利用【拾色器】对话框

在 Photoshop 工具箱的下方提供了一组专门用于设置前景色、背景色的色块，如图 3-23 所示。

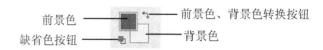

图 3-23　前景色与背景色色块

默认的前景色与背景色分别是黑色与白色。如果用户在操作中改变了前景色与背景色，单击■按钮，即可将颜色恢复为默认的黑色与白色。

单击↘按钮，或者按下键盘中的 X 键，可以转换前景色与背景色，即前景色变为背景色，背景色变为前景色。

设置前景色或背景色的基本操作如下：

(1) 单击前景色或背景色色块，则弹出【拾色器】对话框，如图 3-24 所示。

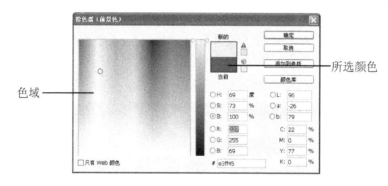

图 3-24　【拾色器】对话框

(2) 在该对话框中，设置任何一种颜色模式的值都可以选取相应的颜色，也可以在对话框左侧的色域中单击鼠标选取相应的颜色。

设置颜色时，如果所选颜色旁出现 ⚠ 标识，表示该颜色超出了 CMYK 颜色，印刷输出时其下方的颜色将替代所选颜色；当所选颜色旁出现 ⬡ 标识时，表示该颜色超出了网络所允许的颜色，其下方的颜色将替代所选颜色。设计网页图形时，为确保选取的颜色不超出网页安全色的范围，可以选择【只有Web颜色】复选框。

(3) 选择了所需要的颜色后单击【确定】按钮，即可将所选颜色设置为前景色或背景色。

2.【颜色】面板

使用【颜色】面板可以方便地选择所需的颜色。单击菜单栏中的【窗口】/【颜色】命令，或者按下 F6 键，可以打开【颜色】面板，如图 3-25 所示。

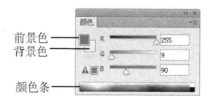

图 3-25　【颜色】面板

在【颜色】面板中单击前景色、背景色色块，可以将其设置为当前颜色，这时该颜色块周围出现一个黑框，表示它是当前要编辑的颜色；再次单击时便进入了【拾色器】对话框。确认了当前要设置的颜色以后，拖动面板中的三角形滑块，或在文本框中输入数值，可以设置当前颜色。

另外，通过颜色条可以快速地设置前景色或背景色。将光标移动到颜色条上，光标变为✐状，单击鼠标可以设置前景色，按住 Alt 键单击鼠标可以设置背景色。

3．【色板】面板

利用【色板】面板设置颜色是最快捷的一种方式，利用它可以非常方便地设置前景色、背景色，并且可以任意添加与删除色板。

单击菜单栏中的【窗口】/【色板】命令，打开【色板】面板，如图 3-26 所示。将光标移动到【色板】面板中的色板上，当光标变为✐状时单击所需色板，可以设置前景色；按住 Ctrl 键单击所需色板，可以设置背景色。

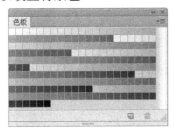

图 3-26　【色板】面板

4．吸管工具

吸管工具可以从图像中拾取颜色作为前景色或背景色。具体方法是，选择工具箱中的【吸管工具】✐，在图像窗口中单击鼠标可以设置前景色，按住 Alt 键单击鼠标可以设置背景色。它的最大作用是在图像中吸取颜色。

选择了吸管工具以后，在工具选项栏中可以设置相关的选项，如图 3-27 所示。

图 3-27　吸管工具选项栏

◇　【取样大小】：用于设置取样点的大小。当选择"取样点"时，可以将鼠标单击处像素的颜色作为取样的颜色；而选择其它选项，则以某范围内的颜色平均值作为取样的颜色。

◇　【样本】：用于设置在哪一图层上取样。

◇　【显示取样环】：选择该项，在拾取颜色时将出现取样环。

3.3　图层的基本认识

与 Photoshop 打交道必须学会使用图层。在编辑图像、制作网页元素的过程中，时时刻刻都离不开图层的操作，所以，正确理解与操作图层是学习 Photoshop 的基础。

3.3.1 图层的概念

什么是图层呢？形象地说，图层是用于绘画的透明电子画布，它就好像是一张透明的纸。在这张纸上，图像部分是不透明的，图像以外的部分是完全透明的，因此，可以把图像的不同部分画在不同的图层上，然后把所有的图层叠放在一起便是一幅完整的图像。如图 3-28 所示，左侧的图像效果是由右侧的 4 层图像叠加而成的。

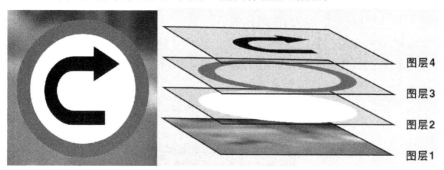

图 3-28　图层示意图

使用图层，不但可以使绘图工作轻松自如，而且修改、编辑起来也非常方便。比如上图中的第 2 层画错了，只需要修改第 2 层中的图像就可以了，而不会影响到其它图层中的图像。

3.3.2 【图层】面板

【图层】面板专门用于控制图层，对图层的大部分操作都可以在这里完成。单击菜单栏中的【窗口】/【图层】命令或者按下 F7 键，可以打开【图层】面板，如图 3-29 所示。在【图层】面板中可以创建、隐藏、显示、复制、合并、链接、锁定及删除图层。

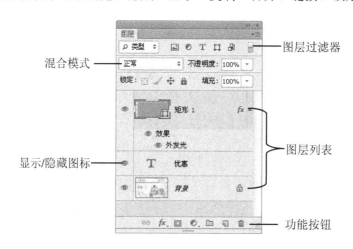

图 3-29　【图层】面板

◇ 　【图层过滤器】：这是 Photoshop CS6 新增的功能，当图层较多时，可以对
　　图层进行过滤，只显示相关类型的图层。

◇ 　【混合模式】：用于控制当前图层与其下方图层之间的混合效果。

◇ 　【不透明度】：用于控制当前图层的不透明程度。

◇ 　【显示/隐藏图标】：单击图层前的显示/隐藏图标，当出现 ◉ 图标时，则该
　　图层的内容将显示在图像窗口中，否则隐藏该图层的内容。

◇ 　【图层列表】：显示当前图像中的所有图层。

◇ 　【功能按钮】：单击相应的按钮，可以完成对图层的操作，如新建图层、添
　　加图层样式、删除图层、创建调整图层等。

3.3.3　图层的基本操作

图层是 Photoshop 中非常强大的一项功能，甚至可以说是 Photoshop 的核心。前面学
习了图层的概念与【图层】面板，下面学习图层的基本操作。

1．新建图层

通常情况下，当要绘制新内容时往往需要新建图层。Photoshop 中新建图层的方法很
多，也比较灵活，使用下面的方法可以建立新的图层：

◇ 　在【图层】面板中单击【创建新图层】按钮 ▣ ，可以在当前图层的上方创建
　　一个新图层。如果按住 Ctrl 键的同时单击该按钮，则在当前图层的下方创建
　　一个新图层。默认名称为"图层 1"、"图层 2"、"图层 3"……

◇ 　单击菜单栏中的【图层】/【新建】/【图层】命令，则打开【新建图层】对
　　话框，单击【确定】按钮，可以建立一个新图层。

◇ 　向图像中输入文字时，系统将自动产生一个新的文字图层。

◇ 　使用形状工具在图像中创建图形时，系统将自动产生一个新的形状图层。

◇ 　对选择区域内的图像进行复制与粘贴操作时，也将自动产生新图层。

2．复制图层

复制图层可以产生一个与原图层完全一样的图层副本，复制图层可以在同一图像内进
行，也可以在不同图像之间进行，具体方法如下：

◇ 　在【图层】面板中，在要复制的图层上按住鼠标左键向下拖曳至【创建新图
　　层】按钮 ▣ 按钮上，可以复制一个图层。

◇ 　单击菜单栏中的(或者面板菜单中的)【图层】/【复制图层】命令，可以复制
　　当前图层。

◇ 　选择工具箱中的【移动工具】 ▶⊕ ，将图像从源图像窗口中拖动到目标图像窗
　　口中，可以进行不同图像之间的图层复制。

3．选择图层

对于某些操作(如绘画、填充、调整颜色等操作)，用户只能在一个图层上工作。而对
于有一些操作(如移动、对齐、变换等操作)，则可以同时在选择的多个图层上工作。在
Photoshop 中，既可以选择一个图层，也可以选择多个图层。当选择一个图层时，被选择

的图层称为当前图层。下面简单概括一下选择图层的方法：

♦ 在【图层】面板中单击某个图层，则选择了该图层。
♦ 单击第一个图层，然后按住 Shift 键的同时再单击另一个图层，可以选择这两个图层之间的多个连续图层。
♦ 按住 Ctrl 键的同时依次单击要选择的图层，可以选择多个不连续的图层。
♦ 单击菜单栏中的【选择】/【所有图层】命令，可以选择除背景图层之外的所有图层，快捷键是 Alt+Ctrl+A。

4．删除图层

在处理图像的过程中，当不再需要某个图层时，就应该删除它，这样可以减小图像文件的大小。删除图层的方法有：

♦ 在【图层】面板中选择要删除的图层，然后单击【删除图层】按钮 。
♦ 单击菜单栏中的【图层】/【删除】/【图层】命令，可以删除当前图层。
♦ 在【图层】面板中，按住要删除的图层向下拖曳至 按钮上，释放鼠标后即可直接删除该图层。

关于图层的基础操作还有很多，如在【图层】面板中双击图层名称可以直接重命名；单击【显示/隐藏图标】可以暂时显示或隐藏图层内容；按下 Delete 键可以快速删除选择的一个或多个图层。

本 章 小 结

Photoshop 是一款重量级的图像处理软件，应用领域非常广泛，涉及平面广告、数码后期、出版印刷、界面设计等诸多方面。在网页设计方面，Photoshop 主要用于网页的视觉设计，包括一些图形元素的制作等，是网页美工设计师的必备工具之一。本章主要介绍了 Photoshop 的基本知识与基础操作。通过本章的学习，读者应该做到：

♦ 了解 Photoshop 的发展历程以及在不同领域的应用。
♦ 熟悉 Photoshop 工作界面构成与各组成部分的名称，特别要掌握工具箱、面板的一些基本操作。
♦ 熟练掌握文件的新建、打开与保存操作，另外，还要掌握撤消与恢复操作的多种方法。
♦ 掌握图像缩放显示与查看的方法。
♦ 掌握设置前景色与背景色的方法，对于每一种设置颜色的方法都应该熟知。
♦ 理解图层的概念，认识【图层】面板，并且熟练掌握图层的基本操作，如创建、选择、复制、删除图层等。

本 章 习 题

1．说出 Photoshop 的 4 个应用领域_____、_____、_____和_____。
2．如果一直按版本序号升级，Photoshop CS 与 Photoshop CC 分别是_____和_____。
3．Photoshop CS6 的工作界面是_____色的，它共有_____种颜色方案。

4．工具箱位于工作界面的左侧，它还提供了_____与_____两种显示模式。

5．双击_____，图像以 100％比例显示；双击_____，图像以屏幕最大尺寸显示。按下_____键，工具临时切换为抓手工具。

6．图像窗口的三种显示模式是_____、_____和_____，反复按键盘中的_____键可以在三种模式之间切换。

7．重复按键_____，可以显示或隐藏控制面板。

    A．Shift + Tab　　　　B．Shift　　　　　　C．Tab　　　　　　D．Ctrl

8．打开与关闭【图层】面板的快捷键是_____。

    A．F5　　　　　　　　B．F6　　　　　　　　C．F7　　　　　　　D．F8

9．多次逐步撤消的快捷键是_____。

    A．Ctrl+Z　　　　　　B．Alt + Ctrl + Z　　　C．F12　　　　　　　D．F9

10．如果要更改图层名称，下面操作正确的是_____。

    A．在【图层】面板中双击图层缩览图

    B．在【图层】面板中双击图层名称

    C．在【图层】面板中单击图层名称

    D．单击菜单栏中的【图层】/【重命名图层】命令

11．简述 Photoshop 工作界面的组成。

12．简述图层的概念与意义。

13．简述选择图层的几种情况。

第4章 选区的创建与填充

本章目标

- 了解选区的概念与创建选区的目的
- 学会各种选择工具的使用方法
- 掌握选区的修改与各种常规操作
- 掌握填充单色与图案的方法
- 学会使用【描边】命令
- 掌握渐变色的类型、编辑与填充方法

4.1　概述

什么是选区？选区就是限定一个操作范围，在这个范围之内，可以编辑图像，而这个范围之外的图像是受保护的。

为什么要建立选区呢？因为选区具有引导与保护作用。假设没有选区，在画布上画画就没有约束，随意性很强。俗话说，没有规矩不成方圆。所以，要想进行某种操作，如填充颜色、应用滤镜、调整色彩等，就必须先创建选区。

创建选区的工具与方法很多，但是不管以何种方式创建的选区，选区都是以流动的虚线显示的，也有人称之为"蚂蚁线"，因为它很像排成队的蚂蚁在前进。选区是浮动的，其形态既可以是规则的，也可以是不规则的，如图 4-1 所示。

图 4-1　不同形态的选区

在 Photoshop 中创建选区的目的可以归纳为以下三点：

第一，绘画。由于 Photoshop 是一款位图处理软件，所以它的绘画方式比较特殊，虽然提供了画笔、形状等工具，但是主要的绘画方式却是通过填充选区来完成的。例如，要绘制一个红色的五角星，必须先使用选择工具建立五角星选区，然后再填充红色，如图 4-2 所示。

图 4-2　绘制五角星

第二，局部调整。对一幅图像的局部进行编辑与调整，必须先选择需要调整的部分，屏蔽掉不需要调整的部分，而选区恰好起到了这样的作用。例如，要使照片中人物的嘴唇更有色泽，就要围绕人物的嘴唇建立选区，然后再进行调整。

第三，抠图。抠图是 Photoshop 的基本功之一，某种意义上来说，抠图就是创建选区，选择需要的部分，剔除不需要的部分。在进行图像合成时，素材图片不可能完全符合设计要求，这时就需要抠取所需要的部分，如图 4-3 所示。

图 4-3　抠图与合成

4.2　选择工具的使用

选择是 Photoshop 的基础，几乎所有的操作都建立在选择的基础上，所以 Photoshop 中提供了很多选择工具，如选框工具、套索工具、魔棒工具等，这些选择工具可以满足不同的操作需求，建立不同形状的选区。

4.2.1　选框工具的使用

选框工具主要用于创建规则形状的选区，在网页设计时使用最多，其中，"矩形选框工具" 用于创建矩形选区或者正方形选区；"椭圆选框工具" 用于创建椭圆形选区或圆形选区。这两个工具的使用方法完全一样，只是创建选区的形状不同。

选择"矩形选框工具"以后，在图像窗口中按住鼠标左键并拖动鼠标，即可创建一个矩形选区；按住 Shift 键的同时拖动鼠标，则可以创建一个正方形选区；按住 Alt 键的同时拖动鼠标，则以鼠标起点为矩形的中心点创建选区；按住 Alt+Shift 键的同时拖动鼠标，则以鼠标起点为中心创建正方形选区，如图 4-4 所示。

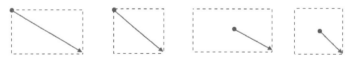

图 4-4　创建矩形选区的四种情况

椭圆选框工具的操作与矩形选框工具完全一样，不同的是它创建的选区是椭圆形或圆形，如图 4-5 所示。

图 4-5　创建椭圆选区的四种情况

矩形选框与椭圆选框工具的选项栏基本一致，如图 4-6 所示。默认情况下，【样式】选项为"正常"，如果要创建长宽比固定的选区，可以选择"固定比例"选项，然后在右侧的【宽度】和【高度】选项中输入比例；如果要创建精确的选区，则要选择"固定大小"选项，再设置固定的【宽度】和【高度】值。

图 4-6 选框工具的选项栏

【实例练习】制作一个汽车网页效果图

(1) 单击菜单栏中的【文件】/【打开】命令，打开素材文件"tu4-1.jpg"。

(2) 选择工具箱中的"矩形选框工具"，在图像窗口的下方创建一个矩形选区，设置前景色为白色，然后按下 Alt+Delete 键填充为白色，如图 4-7 所示。

图 4-7 图像效果

(3) 按下 Ctrl+D 键，取消选区。

(4) 在【图层】面板中创建一个新图层"图层 1"，然后创建一个矩形选区，填充为白色，并设置该层的不透明度为 50%，如图 4-8 所示。

图 4-8 图层设置与图像效果

(5) 打开素材文件"tu4-1a.jpg"，在矩形选框工具的选项栏中设置【样式】为"固定大小"，并设置【宽度】和【高度】值，如图 4-9 所示

图 4-9 矩形选框工具的参数

(6) 在图像窗口中单击鼠标，创建一个固定大小的选区，然后按下 Ctrl+C 键复制选区中的图像。

(7) 切换到 "tu4-1.jpg" 图像窗口，按下 Ctrl+V 键粘贴复制的图像，并调整好位置，如图 4-10 所示。

图 4-10　图像效果

(8) 使用同样的操作方法，分别打开素材文件 "tu4-1b.jpg"、"tu4-1c.jpg" 和 "tu4-1d.jpg"，对它们选择、复制并粘贴，结果如图 4-11 所示。

图 4-11　图像效果

（9）　选择工具箱中的 "文字工具"，在工具选项栏中设置适当的字体、字号、颜色，输入相应的文字内容即可，最终效果如图 4-12 所示。本例主要训练矩形选框工具的使用。

图 4-12　汽车网页的最终效果

在制作本例的过程中，涉及到一些未学的知识，如填充颜色、取消选区、输入文字等，读
注 意 者可以按步骤操作即可。在本书的后续内容中，会学到相应的知识。

4.2.2 套索工具的使用

套索工具与选框工具不同，它主要用于建立形状不规则的选区。套索工具组包括"套索工具" ⬭、"多边形套索工具" ⬭ 和"磁性套索工具" ⬭。

选择"套索工具"以后，在图像窗口中按住鼠标左键并拖动，然后释放鼠标，则鼠标拖动的轨迹自动闭合，形成自由形状的选区。

选择"多边形套索工具"以后，在图像窗口中单击鼠标，确立第一个固定点，移动鼠标到合适的位置，再单击鼠标则确立第二个固定点，以此类推，双击鼠标或者返回到第一个固定点单击鼠标，则创建一个闭合的多边形选区。

选择"磁性套索工具"以后，在图像的对象上单击鼠标，然后沿着要选择对象的边缘移动鼠标，选区线会跟在鼠标后面"爬"，自动寻找边缘，就好像有磁性一样，当终点与起点重合时，单击鼠标即可创建一个闭合的选区，从而选择对象，如图 4-13 所示。

图 4-13 使用磁性套索工具创建选区

套索工具、多边形套索工具的选项栏比较简单，而磁性套索工具的选项栏相对复杂一些，如图 4-14 所示。

图 4-14 磁性套索工具的选项栏

◇ 【宽度】：用于设置磁性套索工具能够探测到的图像边缘的距离。

◇ 【对比度】：较高的值可探测与周围对比度强烈的图像边缘。

◇ 【频率】：用于设置固定点的密度，取值越大，固定点越密集。

📖 【实例练习】制作一个 Banner

(1) 单击菜单栏中的【文件】/【打开】命令，打开素材文件"tu4-2.jpg"。

(2) 在【图层】面板中创建一个新图层"图层 1"。

(3) 选择工具箱中的"多边形套索工具"，在图像窗口中创建一个多边形选区，设置前景色为粉红色(RGB：240、60、108)，然后按下 Alt+Delete 键填充为前景色，这时图像效果如图 4-15 所示。

图 4-15　图像效果(一)

(4) 选择工具箱中的"矩形选框工具"，在图像窗口的右侧创建一个矩形选区，填充为前景色，图像效果如图 4-16 所示。

图 4-16　图像效果(二)

(5) 在【图层】面板中创建一个新图层"图层 2"。

(6) 选择工具箱中的"椭圆选框工具"，在图像窗口中创建一个圆形选区，设置前景色为白色，按下 Alt+Delete 键填充为前景色。

(7) 按下 Ctrl+D 键取消选区，在【图层】面板中设置"图层 2"的【不透明度】为30%，图像效果如图 4-17 所示。

图 4-17　图像效果(三)

(8) 同样的方法，建立新图层"图层 3"，再绘制一个略小的白色圆形，图像效果如图 4-18 所示。

图 4-18　图像效果(四)

(9) 建立新图层"图层 4"，并设置该层的【不透明度】为 50%，使用矩形选框工具创建一个矩形选区，并填充为白色，图像效果如图 4-19 所示。

图 4-19　图像效果(五)

(10) 打开素材文件"tu4-2.jpg"，使用多边形套索工具在鞋子的周围依次单击鼠标，建立一个多边形选区，如图 4-20 所示，然后按下 Ctrl+C 键复制选区中的图像。

(11) 切换到"tu4-2.jpg"图像窗口，按下 Ctrl+V 键粘贴复制的图像，并调整好位置，图像效果如图 4-21 所示。

图 4-20　创建的选区　　　　　　　　　　　图 4-21　图像效果(六)

(12) 选择工具箱中的"文字工具"，在工具选项栏中设置适当的字体、字号、颜色，输入相应的文字内容即可，最终效果如图 4-22 所示。

图 4-22　最终 Banner 效果

4.2.3　魔棒工具的使用

"魔棒工具" 适用于选择颜色相近的图像区域。它的选择原理与前面介绍的选框工具不同，它是基于颜色值的相似性进行选择的，是一个非常高效的工具。选择了魔棒工具以后，还需要根据工作要求设置其选项，如图 4-23 所示。

图 4-23　魔棒工具选项栏

这里有几个重要的选项，直接影响了用户的操作。

【容差】就是容许的误差。容差值越小，选择的图像越精确，建立的选区越小；容差值越大，选择的图像越不精确，建立的选区就越大，如图 4-24 所示，当容差值分别为 10 和 100 时，在图像中单击白云时，建立的选区是不同的。

图 4-24　设置不同的容差值时建立的选区

选择【连续】选项，可以建立颜色值相近的连续选区；不选择该项时，则建立颜色值相近的不连续选区，如图 4-25 所示。

图 4-25   创建的连续选区和不连续选区

【实例练习】制作光盘封面

(1) 单击菜单栏中的【文件】/【打开】命令，打开素材文件"tu4-3a.jpg"。

(2) 按下 Ctrl+A 键全选图像，如图 4-26 所示，然后再按下 Ctrl+C 键，复制选择的图像。

(3) 打开素材文件"tu4-3b.jpg"，这是一个预先绘制的光盘结构图，如图 4-27 所示。

图 4-26   全选图像   图 4-27   素材文件

(4) 选择工具箱中的"魔棒工具"，在工具选项栏中设置参数如图 4-28 所示。

图 4-28   魔棒工具的参数

(5) 在光盘的白色部分单击鼠标建立选区，选择整个盘面，如图 4-29 所示。

(6) 单击菜单栏中的【编辑】/【选择性粘贴】/【贴入】命令，这样就为光盘制作了封面，结果如图 4-30 所示。

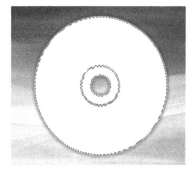 

图 4-29   建立的选区   图 4-30   最终效果

4.3 选区的操作与修改

建立选区的目的是有选择地编辑图像,前面学习了建立选区的方法。在创建选区时,有时候不能一步到位,可能需要移动、取消、反选、加选、减选、羽化等操作,以满足创作的要求,这就涉及到了选区的操作与修改。

4.3.1 取消选区

取消选区操作是最常规的操作之一,建立选区以后,如果不再需要使用,应该取消选区,可以采用以下四种方法:

◇ 确认当前工具为选择工具,并且选区的创建方式为"新选区"方式,在图像中单击鼠标,即可取消选区。

◇ 按下 Ctrl+D 快捷键。

◇ 在图像上单击鼠标右键,从弹出的快捷菜单中选择【取消选择】命令。

◇ 单击菜单栏中的【选择】/【取消选择】命令。

4.3.2 反选

反选就是将选区与非选区互换,即原来的选区变为非选区,非选区变为选区。反选是一个非常有用的操作。例如,要选择的图像不便于选择,但背景很容易选择,这时我们可以先选择图像的背景,然后再进行反选,这是快速选择图像的一种方法,如图 4-31 所示。

图 4-31 反选的结果

建立选区以后,单击菜单栏中的【选择】/【反向】命令,可以反选图像,也可以按下 Shift+Ctrl+I 键反选图像。

4.3.3 选区的交叉运算

通过前面的学习可以注意到,任何一种选择工具的选项栏中都有一组 按钮。它们的作用是设置选区的建立方式,用于选区的交叉运算,如增加选区、减少选区、获得相交选区等。

❖ 按下"新选区"按钮🔲，在图像中建立选区时，新建的选区将替换图像中已存在的选区。

❖ 按下"添加到选区"按钮🔲，在图像中新建的选区将添加到图像中原有的选区中，即选区的范围扩大。

❖ 按下"从选区减去"按钮🔲，将从图像中原有的选区中减去新建选区与原选区的重合部分。

❖ 按下"与选区交叉"按钮🔲，将得到新建选区与图像中原有选区的相交部分。

如图 4-32 所示为依次按下不同的按钮时建立的选区，其中阴影部分代表选区的运算结果。

图 4-32 按下不同的按钮时建立的选区

在实际工作中，经常需要对选区进行交叉运算，但是很少使用这几个运算按钮，而是使用快捷键。当建立了一个选区以后，按住 Alt 键的同时建立选区，将减少选区；按住 Shift 键的同时建立选区，将增加选区；按住 Alt+Shift 键的同时建立选区，将得到相交的选区。

📖✏️【实例练习】为图片换背景

(1) 单击菜单栏中的【文件】/【打开】命令，打开素材文件"tu4-4.jpg"。

(2) 选择工具箱中的"磁性套索工具"🔲，在工具选项栏中设置各项参数，如图 4-33 所示。

图 4-33 磁性套索工具的参数

(3) 在图像窗口中的杯子边缘单击鼠标，然后沿着边缘移动鼠标，则光标自动寻找边缘，如图 4-34 所示。

(4) 当终点与起点重合时，光标的右下角会出现一个小圆圈，此时单击鼠标即可建立选区，从而选择了杯子，如图 4-35 所示。

图 4-34 选择图像时的状态   图 4-35 闭合选区时的状态

(5) 按住 Alt 键，在杯子把手内侧单击鼠标，然后沿着内边缘移动鼠标，减选把手内侧部分，如图 4-36 所示。

(6) 按下 Ctrl+Shift+I 键，将选区反向，则选择了杯子以外的部分。

(7) 设置前景色为暗绿色(RGB：55、58、18)，按下 Alt+Delete 键填充前景色，则更换了杯子的背景；按下 Ctrl+D 键取消选区，结果如图 4-37 所示。

图 4-36　减选杯子把手内侧

图 4-37　处理背景后的效果

4.3.4　移动选区

建立选区后，如果要对选区进行移动，可以在工具箱中选择任意一种选择工具，并确保建立选区的方式为"新选区"，将光标移动到选区内，拖动鼠标即可移动选区。

另外，使用键盘上的方向键(上、下、左、右键)可以每次以 1 个像素为单位移动选区；按住 Shift 键再使用方向键，则每次以 10 个像素为单位移动选区。

　移动选区时应该注意三点：第一，当前工具必须为选择工具；第二，在工具选项栏中设置选区的创建方式为"新选区"；第三，移动的只是选区，而不是选区内的图像。

4.3.5　选区的羽化

羽化的作用是通过降低选区边缘像素的不透明度实现逐渐虚化的效果，羽化值越大，虚化效果越明显，实际工作中，羽化的使用非常广泛。当对选区进行填充、删除或绘制时，如果不羽化选区，图像边缘就会很生硬，而适当羽化可以使边缘柔和，如图 4-38 所示分别是羽化值为 0、10、30 的图像效果。

图 4-38　不同的羽化效果

69

除了"魔棒工具"与"快速选择工具"以外，其它选择工具的选项栏中都有一个【羽化】选项，设置选区的羽化时，要注意下面几点：

◇ 选择了工具箱中的选择工具，在工具选项栏中设置【羽化】值，然后在图像窗口中创建选区，这时选区就具有羽化效果。

◇ 如果事先没有设置【羽化】值，可以在创建选区之后，单击菜单栏中的【选择】/【修改】/【羽化】命令，在弹出的【羽化选区】对话框中设置羽化值，如图 4-39 所示。

图 4-39　【羽化选区】对话框

◇ 使用魔棒工具或快速选择工具建立的选区，只能通过【羽化选区】对话框设置羽化效果。

4.3.6　修改选区

在 Photoshop 中，使用【边界】、【平滑】、【扩展】和【收缩】命令可以对选区进行精确的修改，这几个命令的位置如图 4-40 所示。

◇ 【边界】：执行该命令，在弹出的【边界选区】对话框中通过设置【宽度】值，可以围绕原选区创建具有一定宽度的边框状的选区。

◇ 【平滑】：执行该命令，在弹出的【平滑选区】对话框中通过设置【取样半径】的值可以对选区进行光滑处理，使尖角变成圆角，【取样半径】的取值范围为 1～500 像素。

图 4-40　修改选区的命令

◇ 【扩展】：执行该命令，在弹出的【扩展选区】对话框中通过设置【扩展量】的值可以使选区向外扩展，【扩展量】的取值范围为 1～500 像素。

◇ 【收缩】：执行该命令，在弹出的【收缩选区】对话框中通过设置【收缩量】的值可以使选区向内收缩，【收缩量】的取值范围为 1～500 像素。

4.4　单色与图案的填充

由于 Photoshop 是一款图像处理软件，因此它不同于矢量绘图软件，绘制图形时，往往都需要先建立选区再填充颜色，Photoshop 提供了很多填充颜色的方法。

4.4.1　利用快捷键填充颜色

在 Photoshop 工具箱中有前景色和背景色之分，在填充颜色时，既可以填充前景色，也可以填充背景色。最快捷的填充颜色的方法就是使用快捷键。按下 Alt+Delete 或 Alt+Backspace 键，可以填充前景色；按下 Ctrl+Delete 或 Ctrl+Backspace 键，可以填充背景色。

关于这一组快捷键，在学习前面的内容时已经反复使用过，这里只是作一个简单的总结。

4.4.2　油漆桶工具的使用

油漆桶工具主要用于单色填充或填充图案，它是基于颜色的相似性进行填充的，所以它适用于颜色比较单一的图像区域。在实际工作中该工具使用并不多，因为填充单一色时往往使用快捷键来完成，只有填充图案时才偶尔使用该工具。

选择工具箱中的"油漆桶工具" ，选项栏中将显示其相关的选项，如图 4-41 所示。

图 4-41　油漆桶工具选项栏

❖ 在第一个选项中选择"前景"，表示用前景色填充；当选择"图案"时，表示用图案填充，在其右侧可以选择要使用的填充图案。

❖ 【模式】：用于设置填充内容与图像之间的混合模式。

❖ 【不透明度】：用于设置填充内容的不透明程度。

❖ 【容差】：用于设置填充内容所涉及的范围，取值范围为 0～255，值越大，填充的范围就越大。

❖ 选择【消除锯齿】复选框，可以平滑填充区域的边缘。

❖ 选择【连续的】复选框，可以填充颜色值相近的连续区域，否则将填充颜色值相近的不连续区域。

❖ 选择【所有图层】复选框时，填充操作对所有可见图层都起作用。

选择油漆桶工具后在图像中单击鼠标，则与鼠标落点处颜色相近的连续区域被填充为前景色或图案。

【实例练习】人物填色

(1) 单击菜单栏中的【文件】/【打开】命令，打开素材文件"tu4-5.jpg"。

(2) 设置前景色为淡黄色(RGB：255、204、153)。选择工具箱中的"油漆桶工具" ，在工具选项栏中设置各项参数，如图 4-42 所示。

图 4-42　油漆桶工具的参数

(3) 在图像窗口中的人物皮肤位置上分别单击鼠标，填充肤色，效果如图 4-43 所示。

(4) 设置前景色为黑色，在头发的位置上单击鼠标，效果如图 4-44 所示。

图 4-43 填充皮肤后的效果   图 4-44 填充头发后的效果

(5) 设置前景色为黄色(RGB：255、255、0)，在上衣的位置上单击鼠标，效果如图 4-45 所示。

(6) 设置前景色为红色(RGB：205、0、0)，在短裤的位置上单击鼠标，完成填色操作，效果如图 4-46 所示。

图 4-45 填充上衣后的效果   图 4-46 填充短裤后的效果

4.4.3 利用菜单命令填充颜色

同样是完成填充操作，使用【填充】命令比使用油漆桶工具更加灵活，功能更加强大，它不但可以向图像中填充前景色，还可以填充背景色、图案、黑色、灰色和白色等，甚至可以用于修图。单击菜单栏中的【编辑】/【填充】命令，则弹出【填充】对话框，如图 4-47 所示。

图 4-47　【填充】对话框

由上图可以看出，在【填充】对话框中，可以填充的内容更加广泛。选择"颜色"选项时，可以设置填充的任意颜色；选择"内容识别"选项时，可以对图像进行智能修复；选择"历史记录"选项时，可以将选区恢复到图像的某个状态或快照。其它选项都比较容易理解，不再解释。

【实例练习】修掉照片中多余的对象

(1) 单击菜单栏中的【文件】/【打开】命令，打开素材文件"tu4-6.jpg"，如图 4-48 所示，这是一张海鸥照片，下面修掉一些影响画面的海鸥。

(2) 选择工具箱中的"套索工具"，在图像窗口中拖动鼠标，选择左上角的几只海鸥，如图 4-49 所示。

图 4-48　素材文件图 4-49 选择多余的海鸥

(3) 单击菜单栏中的【编辑】/【填充】命令，在弹出的【填充】对话框中选择"内容识别"选项，如图 4-50 所示。

(4) 单击【确定】按钮，再按下 Ctrl+D 键取消选区，结果如图 4-51 所示。

图 4-50　【填充】对话框　　　　　　　　图 4-51　修复后的效果

4.4.4 图案的定义

无论使用油漆桶工具还是【填充】命令，都可以填充图案，除了可以使用系统提供的图案以外，还可以自定义图案。使用系统提供的图案之前，需要先载入图案。

如果使用油漆桶工具，则要在工具选项中先选择"图案"选项，然后打开图案选项板，再单击右上角 ❄ 按钮，在打开的菜单中选择相应的命令，如图 4-52 所示。

如果使用【填充】命令，则要在对话框中选择"图案"选项，然后单击【自定图案】选项右侧的三角形按钮，打开图案选项板后，再单击右上角的 ❄ 按钮，在打开的菜单中选择相应的命令，如图 4-53 所示。

图 4-52　选项栏中的图案菜单

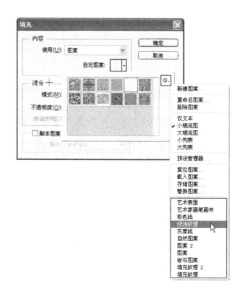

图 4-53　【填充】对话框中的图案菜单

除可以使用系统提供的图案外，也可以自定义图案。自定义图案时，需要满足两个条件：一是必须使用矩形选框工具建立选区；二是选区的羽化值必须为 0。

当选择了要作为图案使用的图像以后，单击菜单栏中的【编辑】/【定义图案】命令，则弹出【图案名称】对话框，如图 4-54 所示，此时单击【确定】按钮即可定义图案，定义后的图案将出现在图案选项板中。

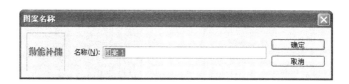

图 4-54　【图案名称】对话框

📖✏【实例练习】制作抽丝效果

(1) 单击菜单栏中的【文件】/【打开】命令，打开素材文件 "tu4-7.jpg"。

(2) 在【图层】面板中创建一个新图层"图层 1"。

(3) 按住 Ctrl 键的同时按"+"键多次,将图像放大到最大比例显示。

(4) 设置前景色为黑色,背景色为白色。按下 Ctrl+Delete 键将"图层 1"填充为白色。

(5) 选择工具箱中的"矩形选框工具",在图像窗口中拖动鼠标,创建一个单像素宽度的选区,如图 4-55 所示。

(6) 按下 Alt+Delete 键将选区填充为黑色,如图 4-56 所示。

图 4-55　创建的选区　　　　　　　　　　图 4-56　填充选区

(7) 按下 Ctrl+D 键取消选区后,再使用矩形选框工具创建一个选区,这时要注意,选区工具的羽化值必须是 0,如图 4-57 所示。

(8) 单击菜单栏中的【编辑】/【定义图案】命令,在弹出的【图案名称】对话框中单击【确定】按钮,如图 4-58 所示。

图 4-57　创建的选区　　　　　　　　　　图 4-58　【图案名称】对话框

(9) 按下 Ctrl+D 键取消选区,双击【缩放工具】将图像以 100%比例显示。

(10) 单击菜单栏中的【编辑】/【填充】命令,在弹出的【填充】对话框中选择刚才定义的图案,如图 4-59 所示。

(11) 单击【确定】按钮,然后再设置"图层 1"的混合模式为"叠加",图像效果(局部)如图 4-60 所示。

图 4-59　【填充】对话框　　　　　　　　图 4-60　抽丝图像效果

4.4.5　描边

描边是指对选区的边缘进行描绘,而不是填充整个选区。【描边】命令是 Photoshop

中惟一能制作线框的命令，如果要绘制一些空心的图形，描边命令的作用十分重要。该命令配合选择工具使用，可以绘出形态各异的轮廓线。

建立选区之后，单击菜单栏中的【编辑】/【描边】命令，则弹出【描边】对话框，如图 4-61 所示。

图 4-61　【描边】对话框

这里有几个重要的参数：

◇　【宽度】：用于设置描边的宽度，单位为像素，取值范围为 1～250 像素。

◇　单击【颜色】右侧的颜色块，在打开的【拾色器】对话框中可以选择描边的颜色。

◇　【位置】：用于设置描边的位置。选择【内部】选项时可以沿选区向内描边；选择【居中】选项时可以沿选区向两侧描边；选择【居外】选项时则沿选区向外描边，如图 4-62 所示。

图 4-62　位置不同描边效果也不同

【实例练习】制作迷你按钮

(1) 单击菜单栏中的【文件】/【新建】命令，建立一个尺寸为 200 像素×200 像素，分辨率为 72 像素/英寸，背景色为黄色(RGB：255、205、120)的新文件。

(2) 在【图层】面板中创建一个新图层"图层 1"。

(3) 设置前景色为深黄色(RGB：194、141、63)，背景色为淡黄色(RGB：255、229、185)。

(4) 选择工具箱中的"椭圆选框工具"，按住 Shift 键拖动鼠标，创建一个较小的圆形选区，然后按下 Ctrl+Delete 键填充背景色，如图 4-63 所示。

(5) 单击菜单栏中的【编辑】/【描边】命令，弹出【描边】对话框，设置【宽度】为

2 像素,【颜色】自动匹配前景色,不需要设置,【位置】选择"内部",如图 4-64 所示。

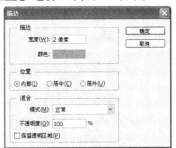

图 4-63 图形效果　　　　　　　　　　图 4-64 【描边】对话框

(6) 单击【确定】按钮,再按下 Ctrl+D 键取消选区,效果如图 4-65 所示。

(7) 选择工具箱中的"自定形状工具" ,在工具选项栏中选择一个合适的形状,在图像窗口中拖动鼠标,绘制一个图案,结果如图 4-66 所示。

(8) 使用同样方法,制作更多按钮,如图 4-67 所示。

图 4-65 描边后的效果　　　　图 4-66 绘制一个图案　　　　图 4-67 多种按钮效果

4.5 渐变色的填充

渐变色在设计中的应用是最广泛的,因为在自然环境中,同一种颜色的物体由于受光照的影响会产生明暗变化,所以要表现出这种颜色的明暗变化或过渡,必然要使用渐变色。Photoshop 中的渐变工具功能十分强大,几乎可以完成任何渐变色的填充。

4.5.1 渐变类型

使用 Photoshop 的渐变工具可以填充 5 种类型的渐变色,分别是线性渐变、径向渐变、角度渐变、对称渐变、菱形渐变,不同的渐变类型定义了不同的颜色过渡方式。选择了工具箱中的"渐变工具"  以后,在其工具选项栏中可以选择不同的渐变类型,如图 4-68 所示。

图 4-68 渐变工具选项栏

下面简单介绍一下各种渐变类型的含义:

✧ 线性渐变 :从起点到终点以直线方式逐步过渡,这是使用比较多的一种

过渡类型，可以表现平面物体的光照效果，也是表现立体效果的一种有效手段。

 ◈ 径向渐变：从起点到终点以圆形方式逐步过渡，可以表现球形体、柱形体的光照效果。

 ◈ 角度渐变：围绕起点以逆时针环绕方式逐步过渡，可以表现放射状的光照效果，经常使用这种渐变来制作光盘效果。

 ◈ 对称渐变：在起点两侧用对称线性渐变方式逐步过渡，可以表现柱状体的光照效果，这种过渡类型使用较少。

 ◈ 菱形渐变：从起点向外以菱形图案方式逐步过渡，终点定义菱形的一角。这种过渡类型使用也比较少。

如图 4-69 所示为选择不同渐变类型时的渐变效果。

图 4-69　不同类型的渐变效果

4.5.2　填充渐变色的方法

使用渐变色可以实现很多效果，在 Photoshop 中使用渐变工具填充渐变色的基本操作步骤如下：

(1) 在图像窗口中建立一个选区。

(2) 选择工具箱中的"渐变工具" ，在工具选项栏中单击 右侧的三角形按钮，在打开的选项板中选择一种预设的渐变色，如图 4-70 所示。

图 4-70　预设的渐变色

(3) 在工具选项栏中选择一种渐变类型，然后根据需要设置模式、不透明度以及其它选项。

 ◈ 选择【反向】复选框时，可以反转渐变填充中起点与终点的颜色顺序。

 ◈ 选择【仿色】复选框时，Photoshop 将使用一种称为"仿色"的处理技术在渐变工具填充的各颜色之间进行平滑过渡，以防止出现颜色过渡过程中的间断现象。

 ◈ 选择【透明区域】复选框时，可以保留渐变填充所使用颜色中的透明属性。

(4) 在选区内从起点处按下鼠标左键，拖曳到终点处释放鼠标，即可填充渐变色，按住 Shift 键的同时可以以水平、垂直或 45°角填充渐变色。填充渐变色时，起点与终点的位置不同，渐变效果也不同，如图 4-71 所示。

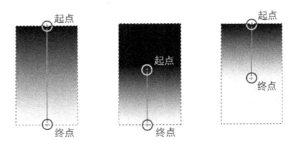

图 4-71　填充渐变色

4.5.3　自定义渐变色

Photoshop 系统预置了多种渐变色，用户可以直接使用，如果这些渐变色不能满足设计需要，也可以自己编辑渐变色。在渐变工具选项栏中单击渐变预览条，则弹出【渐变编辑器】对话框，如图 4-72 所示。

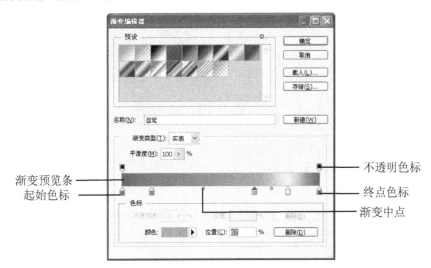

图 4-72　【渐变编辑器】对话框

- ◇ 将光标指向渐变预览条的下方，当光标变为 形状时单击鼠标，可以添加色标。
- ◇ 双击添加的色标，则弹出【拾色器(色标颜色)】对话框，在对话框中可以设置该色标的颜色。
- ◇ 如果要删除某个色标，则按住该色标向上或向下拖曳鼠标即可。
- ◇ 拖曳渐变中点，可以调整两种颜色之间的分界线位置；也可以单击渐变中点，在【位置】文本框中输入一个数值以确定中点的位置。
- ◇ 渐变预览条上方的色标控制颜色的不透明度，选择其中的某个不透明度色标，在下方的【不透明度】选项中设置数值即可。

【实例练习】制作一个邮箱的导航

(1) 单击菜单栏中的【文件】/【新建】命令，建立一个尺寸为 600 像素×200 像素，分辨率为 72 像素/英寸的新文件。

(2) 设置前景色为极浅蓝色(RGB：232、250、255)，背景色为浅蓝色(RGB：190、242、255)。

(3) 选择工具箱中的"渐变工具"，在工具选项栏中设置渐变色为"前景色到背景色渐变"，渐变类型为"线性渐变"，如图 4-73 所示。

图 4-73　渐变工具的参数

(4) 在图像窗口中从下向上拖动鼠标，将背景填充为渐变色。

(5) 在【图层】面板中创建一个新图层"图层 1"。

(6) 选择工具箱中的【矩形选框工具】，在图像窗口中拖动鼠标，创建一个矩形区域，如图 4-74 所示。

(7) 设置前景色为土黄色(RGB：197、145、68)，背景色为浅黄色(RGB：252、224、178)。

(8) 选择工具箱中的"渐变工具"，在图像窗口中从上向下拖动鼠标，将选区填充为渐变色，如图 4-75 所示。

图 4-74　　创建的选区　　　　　　　　　　图 4-75　　填充效果

(9) 单击菜单栏中的【编辑】/【描边】命令，在弹出的【描边】对话框中设置参数如图 4-76 所示。

(10) 单击【确定】按钮为选区描边，然后按下 Ctrl+D 键取消选区，效果如图 4-77 所示。

图 4-76　【描边】对话框　　　　　　　　图 4-77　描边后的效果

(11) 将"图层 1"连续复制 4 次，在图像窗口中调整好图形的位置，如图 4-78 所示。

图 4-78　图像效果(一)

(12) 按住 Ctrl 键单击"图层 1 副本 3"层，选择最后一个矩形，参照前面的方法将其填充为浅蓝色(RGB：138、212、255)到蓝色(RGB：34、138、197)的渐变色，并描边蓝色的边框，如图 4-79 所示。

图 4-79　图像效果(二)

(13) 在【图层】面板中创建一个新图层"图层 2"。

(14) 使用"矩形选框工具"建立一个矩形选区，并使用"渐变工具"，填充蓝色(RGB：34、138、197)到浅蓝色(RGB：138、212、255)的渐变色，如图 4-80 所示。

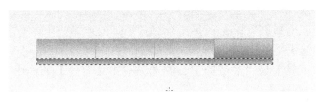

图 4-80　图像效果(三)

(15) 选择工具箱中的"文字工具"，在工具选项栏中设置适当的字体、字号、颜色，输入相应的文字内容即可，最终效果如图 4-81 所示。

图 4-81　邮箱导航的最终效果

本 章 小 结

选择与填充是 Photoshop 的基础，几乎所有的操作都要建立在选区之上，而填充则是着色的重要手段。本章主要介绍了选区的创建与修改、单色填充、图案填充、渐变色填充等知识，并且配有大量实例练习。通过本章的学习，读者应该做到：

◇　理解 Photoshop 中选区的定义、作用与意义。

◇　熟练掌握各种选择工具的作用与使用方法。

◇ 熟练掌握选区的操作与修改。

◇ 掌握单色填充的不同方法，一定要牢记单色填充的快捷键，另外对于【填充】命令的特殊应用也要掌握。

◇ 掌握图案的定义与填充方法以及【描边】命令的使用。

◇ 理解渐变类型，并掌握渐变工具的使用，学会自定义渐变色和填充渐变色的方法。

本 章 习 题

1. 取消选区的快捷键是_____。

    A．Ctrl + D   B．Shift + D   C．Ctrl + W   D．Shift + W

2. 全选的快捷键是_____。

    A．Ctrl + I   B．Ctrl + Q   C．Ctrl + A   D．Ctrl + C

3. 反选的快捷键是_____。

    A．Ctrl + I   B．Ctrl + Shift + I   C．Ctrl + Alt + I   D．Shift + I

4. 羽化的快捷键是_____。

    A．Ctrl + Shift + D   B．F6   C．Shift + F6   D．Shift + D

5. 定义图案的两个条件是_____和_____。

6. 渐变的 5 种类型是_____、_____、_____、_____和_____。

7. 简述建立选区的目的。

8. 简述选区的交叉运算方式。

9. 简述"魔棒工具"与"油漆桶工具"选项栏中【容差】的作用。

10. 简述选区的羽化作用。

第5章 图像的基本编辑

本章目标

- 掌握移动与复制图像的方法
- 学会改变图像的尺寸与画布的大小
- 灵活掌握裁剪图像的方法
- 掌握图像的自由变换与精确变换
- 理解图像大小与画布大小的不同

5.1　图像的移动与复制

在编辑图像的过程中，经常需要移动或复制图像，这些操作都属于图像的基本编辑内容，熟练掌握这些操作，可以大大提高工作效率。

5.1.1　图像的移动

移动图像的位置需要使用"移动工具" ，Photoshop 中的移动工具主要用于移动图层中的图像或选区中的图像，另外还可以完成排列与对齐等操作。

在工具箱中选择"移动工具"后，工具选项栏中将显示其相关选项，如图 5-1 所示。

图 5-1　移动工具选项栏

◇ 选择【自动选择】选项，如果后面的选项为"组"，在图像窗口中拖曳图像，可以选择该图像所在的图层组，同时移动图层组中的所有图像；如果后面的选项为"图层"，则可以选择该图像所在的图层并移动图像；否则只能移动当前图层中的图像。

◇ 选择【显示变换控件】选项时，当前图层的图像四周出现变换框，将光标指向变换框的控制点，可以对图像进行变换操作。

◇ 单击工具选项栏右侧的对齐和分布按钮，可以对齐、分布图层中的图像。

设置了适当的选项以后，使用移动工具在图像窗口中拖曳图像或者选区中的图像，就可以移动图层中的图像或者选区内的图像。在移动图像时，按住 Shift 键的同时拖曳鼠标，可以限制移动操作沿垂直、水平或 45°方向进行。

除了移动工具之外，还可以使用菜单命令移动图像。两者的区别在于：使用移动工具移动图像时，只能在同一个图层内改变位置，不能将图像从一个图层移动到另一个图层，也不能在不同的图像之间进行移动。而使用菜单命令移动图像，可以跨图层和图像进行移动。使用菜单命令移动图像的基本操作步骤如下：

(1) 使用选择工具选择要移动的图像区域。

(2) 单击菜单栏中的【编辑】/【剪切】命令，将选区内的图像剪切到 Windows 剪贴板中。

(3) 单击菜单栏中的【编辑】/【粘贴】命令，则粘贴图像的同时将自动产生一个新的图层。也可以将剪切的图像粘贴到另外一个图像窗口中。

5.1.2　图像的复制

复制图像分为两种情况：一是复制整个图像，二是复制部分图像，其具体操作是不同的，下面分别进行介绍。

1．复制整个图像

如果要对一幅图像进行处理，但又不想破坏掉原来的图像，这时可以先复制图像，对图像的副本进行操作。复制整个图像的操作步骤如下：

(1) 打开要复制的图像。

(2) 单击菜单栏中的【图像】/【复制】命令，则弹出【复制图像】对话框，如图 5-2 所示。

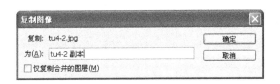

图 5-2 【复制图像】对话框

(3) 在文本框中为复制的图像重新命名，通常情况下，Photoshop 将保留复制图像中的所有图层。

(4) 选择【仅复制合并的图层】选项，则复制图像的同时将合并所有的可见层，如果有隐藏的图像，则复制图像后，隐藏图层将被删除。

(5) 单击【确定】按钮，即可复制图像。

注意　　如果不希望复制图像时出现【复制图像】对话框，可以按住 Alt 键的同时单击菜单栏中的【图像】/【复制图像】命令。

2．复制部分图像

复制部分图像是指对图像中的一部分内容进行复制，一般情况下需要先建立选区，然后使用移动工具或菜单命令进行操作，既可以在同一个图像中进行复制，也可以在不同图像之间进行复制。

在图像窗口中建立了选区以后，选择工具箱中的【移动工具】，按住 Alt 键的同时拖曳鼠标，可以完成同一个图像中的复制操作。如果要在两个不同图像之间复制，需要先打开目标图像，然后将光标指向选区，拖曳图像至目标图像中即可。

注意　　创建选区以后，选择移动工具，然后按住 Alt 键的同时敲击方向键，可以将选区内的图像复制一次并偏移 1 个像素；如果按住 Alt+Shift 键然后敲击方向键，可以将选区内的图像复制一次并偏移 10 个像素。

如果要使用菜单命令复制图像，可以按如下步骤操作：

(1) 选择要复制的图像区域。

(2) 单击菜单栏中的【编辑】/【拷贝】命令，将所选图像复制到剪贴板中。

(3) 打开目标图像，单击菜单栏中的【编辑】/【粘贴】命令，将所选图像粘贴到目标图像中，并生成一个新的图层。

在 Photoshop 的【编辑】中有两个特殊的命令，即【合并拷贝】和【选择性粘贴】命令。使用【合并拷贝】命令可以复制选区中所有可见图层中的内容，如图 5-3 所示，鱼和背景在两个图层中，当前图层是鱼所在的图层，对选区分别使用【拷贝】和【合并拷贝】

命令后，粘贴到新建图像窗口中的效果是不同的。

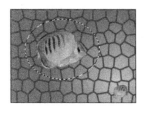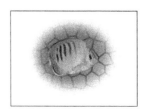

图 5-3 【拷贝】和【合并拷贝】的对比

在【选择性粘贴】命令中有 3 个子命令，分别是【原位粘贴】、【贴入】和【外部粘贴】命令，如图 5-4 所示。

图 5-4 【选择性粘贴】命令

◇ 【原位粘贴】：执行该命令，可以将剪切或复制的图像粘贴到目标窗口中，并且位置不发生变化。

◇ 【贴入】：该命令可以将剪切或拷贝的图像粘贴到一个预先创建的选区中，同时生成一个新图层，并将选区转换为新图层的图层蒙版。

◇ 【外部粘贴】：该命令可以将剪切或拷贝的图像粘贴到选区外部，并将选区转换为新图层的图层蒙版。

【实例练习】完成淘宝海报的制作

(1) 单击菜单栏中的【文件】/【打开】命令，打开素材文件"tu5-1.jpg"，这是一幅未完成的广告作品，如图 5-5 所示。

图 5-5 图像效果

(2) 继续打开素材文件"tu5-1a.psd"文件，按下 Ctrl+A 键全选图像，然后单击菜单栏中的【编辑】/【拷贝】命令，复制选择区域内的图像。

(3) 切换到"tu5-1.jpg"图像窗口，单击菜单栏中的【编辑】/【粘贴】命令，这时【图层】面板中将自动生成一个"图层 1"，调整好显示器的位置，如图 5-6 所示。

图 5-6　图像效果

(4) 打开素材文件"tu5-1b.jpg"文件，按下 Ctrl+A 键全选图像，再单击菜单栏中的【编辑】/【拷贝】命令。

(5) 切换到"tu5-1.jpg"图像窗口，按住 Shift 键的同时，使用【魔棒工具】在显示器上多次单击鼠标，选择整个显示屏，如图 5-7 所示。

图 5-7　建立的选区

(6) 单击菜单栏中的【编辑】/【选择性粘贴】/【贴入】命令，则图像粘贴到选区之内，结果如图 5-8 所示。

图 5-8　最终效果

5.2　图像的调整

在处理图像的过程中，经常需要改变图像或画布的尺寸，因为素材文件不可能恰好符合设计要求，所以必须了解图像的基本调整方法。

5.2.1 改变图像尺寸

如果需要改变图像的尺寸，可以单击菜单栏中的【图像】/【图像大小】命令，这时将打开【图像大小】对话框，如图 5-9 所示。

图 5-9 【图像大小】对话框

如果要更改图像的像素数，一定要选择【重定图像像素】复选框，然后在其右侧的下拉列表中选择插值方法，共有 5 种插值方法：

◆ "邻近"：速度快但精度低。建议对包含未消除锯齿边缘的插图使用该方法，以保留硬边缘并产生较小的文件。

◆ "两次线性"：对中等品质的图像可以使用两次线性插值的方法。

◆ "两次立方"：速度慢但精度高，可得到最平滑的色调层次。

◆ "两次立方(较平滑)"：放大图像时使用该方法。

◆ "两次立方(较锐利)"：该方法在重新取样后的图像中保留细节，但可能会过度锐化图像的某些区域。

如果只想改变图像的尺寸和分辨率，但不想改变图像中的像素总数，这时要取消【重定图像像素】选项，然后在【文档大小】选项组中输入新的高度值、宽度值或分辨率即可。

如果图像中含有应用了样式的图层，建议选择【缩放样式】复选框，这样可以确保调整图像的大小后图层样式也随之缩放。

5.2.2 修改画布尺寸

画布大小与图像大小是两个截然不同的概念，画布大小是指用于绘画的空间，对它的修改不会影响图像的比例，但是减小画布时可能会裁剪到图像。使用【画布大小】命令可以增加或减小当前图像的画布尺寸。修改画布尺寸的基本操作步骤如下：

(1) 打开一幅图像文件。

(2) 单击菜单栏中的【图像】/【画布大小】命令，则弹出【画布大小】对话框，如图 5-10 所示。

图 5-10　【画布大小】对话框

在【新建大小】选项组中的【宽度】和【高度】文本框中输入新的画布宽度和高度值。如果新输入的值大于原来的值，将增加画布的尺寸，反之将减小画布的尺寸。

(3) 单击【定位】右侧的小方块，可以改变画布的延伸方向。

(4) 在【画布扩展颜色】选项中可以设置扩展画布时的背景颜色，对于减小画布操作，该选项没有意义。

(5) 单击【确定】按钮，即可改变画布的尺寸。

【实例练习】改变图像大小并添加白色边框

(1) 单击菜单栏中的【文件】/【打开】命令，打开素材文件"tu5-2.jpg"。

(2) 单击菜单栏中的【图像】/【图像大小】命令，在打开的对话框中可以看到该图像的尺寸，如图 5-11 所示。

(3) 修改【宽度】值，则【高度】值自动变化，如图 5-12 所示。

图 5-11　【图像大小】对话框

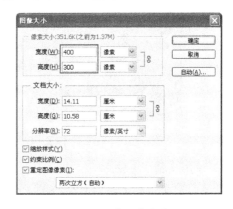

图 5-12　修改像素值

(4) 单击【确定】按钮，则改变了图像的大小。

(5) 单击菜单栏中的【图像】/【画布大小】命令，则弹出【画布大小】对话框，将单位改为"像素"，然后分别修改宽度、高度值，并设置画布扩展颜色为白色，如图 5-13 所示。

(6) 单击【确定】按钮，则完成了所需要的图像效果，如图 5-14 所示。

图 5-13　画布参数　　　　　　　　　　　图 5-14　图像效果

5.2.3　图像的裁剪

在进行图像设计过程中，有时可能只需要素材文件的一部分，这时就要对图像进行裁剪。可以使用【裁剪工具】，也可以使用【裁剪】或【裁切】命令。

1．使用【裁剪】命令

【裁剪】命令是根据选区的范围裁剪图像，也就是说，使用该命令之前必须先创建一个选区，然后再执行该命令。

打开一幅图像后，首先创建一个选区，然后单击菜单栏中的【图像】/【裁剪】命令，即可将选区以外的区域裁剪掉，如图 5-15 所示。

图 5-15　裁剪图像前后的效果

2．使用【裁切】命令

【裁切】命令与【裁剪】命令的工作方式不同，它是通过移去不需要的图像数据来裁剪图像，可以通过裁切周围的透明像素或指定颜色的背景像素来裁剪图像。

单击菜单栏中的【编辑】/【裁切】命令，则弹出【裁切】对话框，如图 5-16 所示。

❖　【透明像素】：选择该项，则修整掉图像边缘的透明区域，留下包含非透明像素的最小图像。

❖　【左上角像素颜色】：选择该项，则从图像中移

图 5-16　【裁切】对话框

去左上角像素颜色的区域。

◇ 【右下角像素颜色】：选择该项，则从图像中移去右下角像素颜色的区域。

◇ 【裁切】：在该选项中可以选择一个或多个要修整的图像区域。

3．使用裁剪工具

使用【裁剪工具】可以裁切图像，裁切时还可以缩放、旋转、设定图像的分辨率等。选择了裁剪工具之后，工具选项栏中将显示其相关的选项，如图 5-17 所示。

图 5-17　裁剪工具选项栏

在第一个选项中单击右侧 ⬍ 按钮，在打开的下拉列表中可以选择预设的裁剪选项，如图 5-18 所示。

◇ 【不受约束】：选择该选项，可以自由调整裁剪框的大小。

◇ 【原始比例】：选择该选项，拖曳裁剪框时始终按图像原始比例变化。

◇ 预设长宽比：可以直接选择系统预设的长宽比，也可以在右侧的文本框中自定义长宽比例。

◇ 【大小和分辨率】：选择该选项，可以打开一个对话框，输入图像的宽度、高度和分辨率，单击【确定】按钮，即可按照设定的尺寸与分辨率裁剪图像，如图 5-19 所示。

◇ 【旋转裁剪框】：选择该选项，将交换设定的宽度与高度值。

预设长宽比

图 5-18　预设裁剪选项　　　图 5-19　设定大小与分辨率

下面再介绍一下其它选项的作用：

◇ 单击 ↻ 按钮，可以将裁剪框旋转 90°。

◇ 单击 ⬚ 按钮，可以在图像窗口中拖曳鼠标，改变裁剪框的角度，它是校正地平线倾斜的最佳工具。

◇ 在【视图】下拉列表中提供了一系列的裁剪参考线，多数情况下选择"三等分"。

◇ 单击 ⚙ 按钮，可以打开参数面板，用于设置裁剪的参数，如是否使用经典模式、是否启用裁剪屏蔽等。

◇ 选择【删除裁剪的像素】选项，裁剪框以外的像素将被删除，否则被屏蔽。

裁剪图像的操作非常简单，选择工具箱中的【裁剪工具】以后，在图像中拖曳鼠标，可以生成一个矩形的裁剪框，并且可以调整大小、移动位置、旋转角度。当将裁剪框调整到合适大小时，在裁剪框内双击鼠标或按下 Enter 键，就可以裁剪图像。

5.3 图像的变换

图像变换是指对图像的缩放、旋转、扭曲、翻转等操作，这是一种使用非常频繁的图像处理技术，必须熟练掌握各种变换操作。

5.3.1 特定变换

执行菜单栏中的【编辑】/【变换】子菜单中的相关命令，可以对选区内的图像、图层中的图像应用特定的变换效果。当执行了某一个变换命令后，指定图像的周围会出现一个变换框，通过调整变换框上的控制点就可以对图像实施变换操作了。

当完成了一种变换操作后，可以继续再应用其它变换。按下 Enter 键确认操作，按下 Esc 键取消变换操作。

1．缩放、旋转、斜切、扭曲和透视

缩放、旋转、斜切、扭曲和透视变换是五种基本的图像变换方式。当执行了某一变换方式后，只能对图像进行同一种变换。变换图像的基本步骤如下：

(1) 在图像中建立选区，选择要变换的图像。如果要对图层中的图像进行变换，需要选择图层。

(2) 单击菜单栏中的【编辑】/【变换】命令，选择相应的变换命令，则图像周围出现了变换框，进入变换编辑状态，如图 5-20 所示。

♦ 选择【编辑】/【变换】/【缩放】命令，可以对图像进行自由缩放。将光标指向任意一个控制点，光标会变为双向箭头，这时拖曳鼠标可以缩放图像，如图 5-21 所示。按住 Shift 键的同时拖曳变换框角端的控制点，可以等比例缩放图像；按住 Alt+Shift 键的同时拖曳变换框角端的控制点，可以以中心为基准等比例缩放图像。

图 5-20　变换框　　　　　　　　　　图 5-21　缩放变换

♦ 选择【编辑】/【变换】/【旋转】命令，可以对图像进行自由旋转。将光标指向任意一个控制点，光标会变为弯曲的双向箭头，这时拖曳鼠标可以旋转图像，如图 5-22 所示。按住 Shift 键的同时拖曳鼠标，可以以 15°的增量旋

转图像；如果要改变旋转中心，可以将光标指向变换框的中心点，这时光标
变为 形状，拖曳鼠标可以改变旋转中心。

❖ 选择【编辑】/【变换】/【斜切】命令，可以对图像进行倾斜操作。将光标
　 指向任意一个控制点拖曳鼠标，可以倾斜或斜切图像，如图 5-23 所示。按住
　 Alt 键的同时拖曳变换框的控制点，可以实现对称斜切。

图 5-22　旋转变换　　　　　　　　　　　图 5-23　斜切变换

❖ 选择【编辑】/【变换】/【扭曲】命令，可以对图像进行各种扭曲操作。将
　 光标指向任意一个控制点拖曳鼠标，可以扭曲图像，如图 5-24 所示。按住
　 Alt 键的同时拖曳变换框的控制点，可以实现对称扭曲。

❖ 选择【编辑】/【变换】/【透视】命令，可以对图像进行各种透视变换。将
　 光标指向任意一个控制点拖曳鼠标，可以产生透视效果，如图 5-25 所示。

图 5-24　扭曲变换　　　　　　　　　　　图 5-25　透视变换

(3) 按下 Enter 键或者在变换框内双击鼠标，可以应用变换。

2．翻转与旋转

在【变换】子菜单中还有一些用于翻转与旋转图像的命令，如图 5-26 所示。

图 5-26　【变换】命令子菜单

◇ 【旋转 180 度】：选择该命令，可以将选区内的图像或图层中的图像旋转180°。

◇ 【旋转 90 度(顺时针)】：选择该命令，可以将选区内的图像或图层中的图像顺时针旋转90°。

◇ 【旋转 90 度(逆时针)】：选择该命令，可以将选区内的图像或图层中的图像逆时针旋转90°。

◇ 【水平翻转】：选择该命令，可以将选区内的图像或图层中的图像进行水平翻转。

◇ 【垂直翻转】：选择该命令，可以将选区内的图像或图层中的图像进行垂直翻转。

5.3.2 自由变换

执行【自由变换】命令以后，配合功能键可以同时完成缩放、扭曲、旋转等操作。自由变换的基本操作如下：

(1) 在图像中建立选区，选择要变换的图像。如果要变换图层中的图像，则选择图像所在的图层。

(2) 单击菜单栏中的【编辑】/【自由变换】命令，或者按下 Ctrl+T 键，则所选对象的周围出现了变换框。

(3) 对图像进行相应的变换操作。

◇ 将光标移到变换框内，当光标变为 ▶ 形状时按住鼠标左键拖曳，可以对图像进行移动操作。

◇ 将光标移到变换框外，当光标变为弯曲的双箭头形状时按住鼠标左键拖曳，可以对图像进行旋转操作。按住 Shift 键的同时拖曳鼠标，则图像以 15° 角进行旋转。

◇ 将光标移到变换框的四边控制点上，当光标变为双箭头时拖曳鼠标，可以改变图像的宽度或高度；将光标移到变换框的角部控制点上，光标变为双箭头时拖曳鼠标，可以对图像进行缩放变换。按住 Shift 键的同时拖曳鼠标，可以对图像进行等比例缩放。

◇ 将光标移到变换框的任意一个角部控制点上，按住 Ctrl+Shift+Alt 键的同时拖曳鼠标，可以对图像进行透视变换。

◇ 将光标移到变换框的任意一个控制点上，按住 Ctrl 键的同时拖曳鼠标，可对图像进行扭曲变换。按住 Ctrl+Alt 键的同时拖曳鼠标，则在变换框中心不变的前提下对图像进行扭曲变换。

◇ 将光标移到变换框的任意一个控制点上，按住 Ctrl+Shift 键的同时拖曳鼠标，可以对图像进行拉伸变换。

◇ 将光标移到变换框的任意一个控制点上，按住 Alt 键的同时拖曳鼠标，可以对图像进行对称变换。

(4) 完成变换操作后，将光标指向变换框内部，当光标变为 ▶ 形状时双击鼠标，可以确认变换操作。如果对变换操作不满意，按 Esc 键取消变换操作。

【实例练习】完成一个网页效果

(1) 单击菜单栏中的【文件】/【打开】命令，打开素材文件"tu5-3.jpg"，这是一个网页设计的半成品，如图 5-27 所示。

图 5-27　素材图像

(2) 打开素材文件"tu5-3a.psd"，如图 5-28 所示，这是一幅已经抠除背景的汽车图片。

图 5-28　素材图像

(3) 按下 Ctrl+A 键全选图像，然后按下 Ctrl+C 键拷贝图像，再激活"tu5-3.jpg"图像窗口，按下 Ctrl+V 键粘贴图像，结果如图 5-29 所示。

图 5-29　粘贴后的效果

(4) 按下 Ctrl+T 键添加变换框，然后按住 Shift 键，拖曳右下角的控制点，将汽车图像等比例缩小，并调整到左上角，如图 5-30 所示。

图 5-30　缩小并移动图像

(5) 按下 Enter 键确认变换操作，然后再按下 Ctrl+J 键复制一层，向左调整一下，最终效果如图 5-31 所示。

图 5-31　最终效果

5.3.3　精确变换

在变换的图像过程中，如果需要精确的变换值，使用前面介绍的方法就很难实现，这时只能通过工具选项栏来完成图像的精确变换。

按下 Ctrl+T 键时，图像的周围将出现变换框，同时工具选项栏中的参数也发生了变化，如图 5-32 所示。

图 5-32　变换时的选项栏

✧　参考点位置▦：每一个方块表示变换框上的一个控制点，黑色实心的方块代表中心点。单击一个方块，它就成为新的中心点。

✧　【X】和【Y】：X 代表水平方向，Y 代表垂直方向。在其右侧的文本框中输入数值，可以移动图像。单击 △ 按钮，使之凹下去，这时【X】、【Y】的值为绝对值，否则为相对值。

✧　缩放：W 代表宽度，H 代表高度。在其右侧的文本框中输入数值，可以缩放图像。按下 ▣ 按钮，表示锁定缩放比例。

✧　旋转 △：用于设置旋转角度。

✧　斜切：其右侧的 H 代表水平方向，V 代表垂直方向，在其右侧的文本框中输入数值，可以斜切图像。

📖 【实例练习】：完成一个网页效果

(1) 单击菜单栏中的【文件】/【打开】命令，打开素材文件"tu5-4.jpg"，如图 5-33 所示，这是一个未完成的网页美工设计。

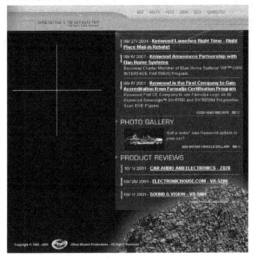

图 5-33　素材效果

(2) 打开素材文件"tu5-4a.jpg"、"tu5-4b.jpg"、"tu5-4c.jpg"、"tu5-4d.jpg"，如图 5-34 所示。

图 5-34　图像素材

(3) 激活"tu5-4a.jpg"图像窗口，按下 Ctrl+A 键全选图像，然后按下 Ctrl+C 键拷贝图像，再激活"tu5-4.jpg"图像窗口，按下 Ctrl+V 键粘贴图像，结果如图 5-35 所示。

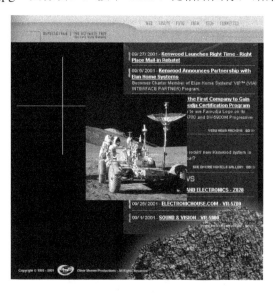

图 5-35 粘贴的图像

(4) 按下 Ctrl+T 键添加变换框，然后在变换工具选项栏中调整参数如图 5-36 所示。

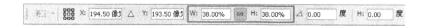

图 5-36 精确变换的参数

(5) 按下 Enter 键确认操作，则画面中图像的变换效果如图 5-37 所示。

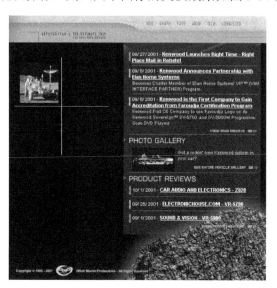

图 5-37 变换后并调整位置

(6) 用同样的方法，分别将"tu5-4b.jpg"、"tu5-4c.jpg"和"tu5-4d.jpg"图像窗口中的

图像复制到"tu5-4.jpg"图像窗口中，然后进行精确变换，最终效果如图 5-38 所示。

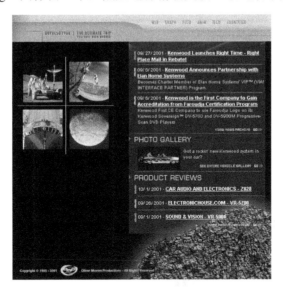

图 5-38 最终效果

5.3.4 画布变换

使用【图像旋转】命令可以旋转或翻转画布，画布上的图像将随之旋转或翻转，该命令不能对单独的图层或选区使用。旋转与翻转画布的基本操作步骤如下：

(1) 打开一幅图像文件。

(2) 单击菜单栏中的【图像】/【图像旋转】命令，打开其子菜单，如图 5-39 所示。

图 5-39 【图像旋转】命令子菜单

- ❖ 选择【180 度】命令，可以将整个图像旋转 180°。
- ❖ 选择【90 度(顺时针)】命令，可以将整个图像顺时针旋转 90°。
- ❖ 选择【90 度(逆时针)】命令，可以将整个图像逆时针旋转 90°。
- ❖ 选择【任意角度】命令，可以按指定的角度旋转图像。
- ❖ 选择【水平翻转画布】命令，可以将图像进行水平翻转。
- ❖ 选择【垂直翻转画布】命令，可以将图像进行垂直翻转。

(3) 执行相应的子菜单命令，则可以旋转或翻转画布。如图 5-40 所示为水平翻转和垂直翻转画布后的效果。

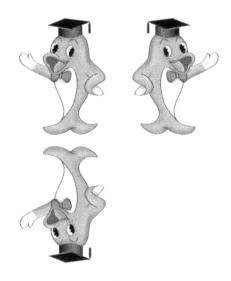

图 5-40　翻转效果

本 章 小 结

　　一般情况下，作为素材的图像都要经过编辑处理才能符合设计要求，所以必须要掌握图像的基本编辑技术。本章主要介绍了图像的移动、复制、改变尺寸、裁剪、变换操作等内容。通过本章的学习，读者应该做到：

◇　熟练地完成图像的移动与复制，掌握剪切(拷贝)、粘贴和选择性粘贴操作。

◇　理解图像与画布的区别，学会改变图像的尺寸与画布的尺寸。

◇　熟练掌握图像的裁剪方法，特别要学会使用裁剪工具的基本使用。

◇　掌握图像的缩放、旋转、扭曲、透视等变换操作，能够使用【自由变换】命令并结合快捷键完成这些操作。

◇　学会精确变换图像的操作方法。

本 章 习 题

　　1．使用移动工具移动图像时，按住_____键的同时拖曳鼠标，可以沿垂直或水平方向进行移动。

　　　　A．Ctrl + Alt　　　　　B．Shift　　　　　C．Alt　　　　　D．Ctrl

　　2．使用移动工具移动图层中的图像时，如果按住 Alt 键的同时拖曳鼠标，则_____。

　　　　A．复制一个图层并移动图像　　　　　B．只移动图像

　　　　C．只复制图层　　　　　D．以上说法都不正确

　　3．【自由变换】命令的快捷键是_____。

  A．Ctrl + T   B．Ctrl + D   C．Shift + T   D．Shift + D

4．按住 Ctrl 键的同时，拖曳变换框的控制点，相当于＿＿＿＿＿操作。

  A．缩放   B．旋转   C．扭曲   D．斜切

5．在【编辑】/【选择性粘贴】命令中有 3 个子命令，它们分别是＿＿＿＿＿、＿＿＿＿＿和＿＿＿＿＿。

6．复制图像分为两种情况：一是＿＿＿＿＿，二是＿＿＿＿＿。

7．简述【裁剪】和【裁切】命令的区别。

8．简述图像大小与画布大小的区别。

第6章 图像的绘制与修饰

本章目标

■ 学会画笔工具与铅笔工具的使用方法

■ 掌握【画笔】面板中的参数设置

■ 了解 Photoshop 中的混合模式

■ 学会使用智能修复工具修复图像的瑕疵

■ 掌握橡皮擦工具的基本使用

■ 掌握仿制图章工具的本质与使用方法

■ 了解减淡工具与加深工具的使用

6.1　绘制图像

在 Photoshop 中绘制图像的工具主要是绘画工具，其中包括"画笔工具" ✏ 和"铅笔工具" ✏，使用它们可以在图像上用前景色绘画。其中，画笔工具模拟传统的毛笔效果，并且可以自由地选择与设置画笔大小与形状，功能非常强大。而铅笔工具与现实生活中的铅笔一样，它真实地模仿了铅笔效果。

6.1.1　画笔工具

画笔工具是 Photoshop 中最基本的绘画工具。使用画笔工具时，合理地设置工具选项栏中的参数是最关键的，不同的参数将影响着绘画效果。

使用绘画工具绘制图形的一般步骤如下：

(1) 在工具箱中选择画笔工具。

(2) 设置前景色，即绘画工具要使用的颜色。

(3) 在工具选项栏中选择画笔的大小、形状，并设置所需的混合模式、不透明度等，如图 6-1 所示。

图 6-1　画笔工具选项栏

◇　"画笔预设" ⁑ ：用于选择画笔的形状，设置其大小、硬度等。

◇　"切换画笔面板" ：单击该按钮，打开【画笔】面板。

◇　【模式】：用于设置画笔与图像之间颜色的混合模式。

◇　【不透明度】：用于设置所绘线条的不透明度。

◇　【流量】：用于设置画笔油墨的流畅速率。

◇　对于画笔工具，选择 选项，可以绘出喷枪效果的线条。

(4) 在图像窗口中单击鼠标，可以画出一个点；拖曳鼠标，则可以绘制图像。如图 6-2 所示为修改【不透明度】的值后绘制的线条。

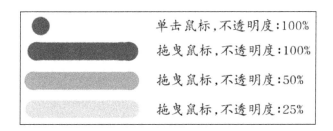

单击鼠标,不透明度:100%

拖曳鼠标,不透明度:100%

拖曳鼠标,不透明度:50%

拖曳鼠标,不透明度:25%

图 6-2　绘画效果

注意　按住 Shift 键在图像上拖曳鼠标，可以绘制出水平或垂直的直线；按住 Shift 键连续单击鼠标，可以绘制连续折线。

103

6.1.2　丰富的画笔设置

前面介绍了画笔工具使用的方法，并且对工具选项栏中的参数进行了介绍，本节将系统地介绍如何选择与设置画笔。在画笔工具选项栏中单击【画笔预设】选项右侧的三角形按钮，打开画笔选项板，如图 6-3 所示。

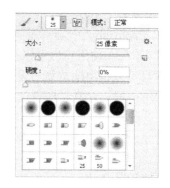

在画笔列表中双击所需的画笔，可以选择系统预设的画笔，同时关闭画笔选项板。

如果画笔选项板中没有合适大小的画笔，可以选择最接近的一种画笔，然后修改【大小】和【硬度】的值，从而得到所需的画笔。

图 6-3　画笔选项板

Photoshop 提供了丰富多彩的画笔，默认情况下没有全部显示出来。用户可以通过画笔选项板的面板菜单载入更多的画笔，如图 6-4 所示。当选择了一种类别的画笔以后，会弹出一个提示框，这时单击【追加】按钮，则可以将它们载入到画笔列表中，如图 6-5 所示。

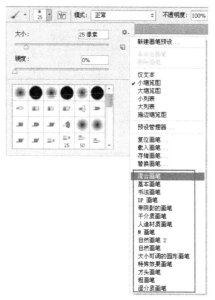

图 6-4　画笔选项板的面板菜单

图 6-5　载入画笔

更多的画笔参数需要在【画笔】面板中完成，在工具选项栏中单击 按钮或按下 F5 键，可以打开【画笔】面板，在这里可以设置画笔大小、硬度等参数，而且还可以设置圆度、角度、间距等更多的参数，如图 6-6 所示。

选择"画笔笔尖形状" 选项，可以在参数设置区中设置更多的画笔基础参数，同时也可以勾选画笔扩展参数，创建更个性化的画笔。设置了参数以后，在画笔效果预览区中可以实时显示画笔效果。

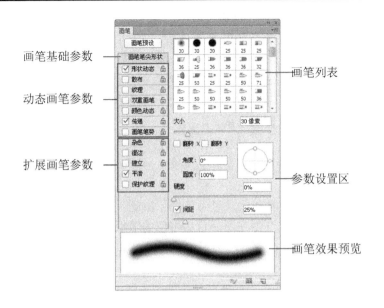

图 6-6　【画笔】面板

- ❖　画笔基础参数：在该选项中，可以设置画笔的大小、圆度、角度、硬度与间距，其中【间距】用于控制构成线条的点与点之间的距离。
- ❖　画笔列表：这里列出的画笔与画笔选项板中的是一致的。
- ❖　动态画笔参数：这是画笔工具最强的功能，Photoshop 的动态画笔功能可以完成绘画类创意作品，画笔的形状、颜色、方向、间距等都可以发生动态变化。主要包括【形状动态】、【散布】、【纹理】、【双重画笔】、【颜色动态】、【传递】和【画笔笔势】七个选项。在网页设计中，很少使用到动态画笔功能能。
- ❖　参数设置区：在动态画笔中选择某一个选项后，例如选择【形状动态】选项，这时会出现形状动态的相关参数，通过这些参数可以设置画笔的大小、角度、圆度的动态变化情况，从而产生丰富的绘画效果。
- ❖　扩展画笔参数：选择相应的选项，可以得到不同的效果。
- ❖　画笔效果预览：用于显示设置好的画笔效果。

6.1.3　混合模式

在画笔工具选项栏中，【模式】选项用于设置画笔与图像之间颜色的混合模式。那么什么是混合模式呢？所谓混合模式就是混合色与基色以某种计算方式进行叠加，从而产生不同的结果色，以形成更加丰富的绘画效果。在介绍混合模式之前，首先要明确以下三个概念：

- ❖　【基色】：图像原来的颜色。
- ❖　【混合色】：绘画工具或填充工具所描绘的颜色，大多数情况下是前景色。
- ❖　【结果色】：基色与混合色进行叠加后得到的颜色。

其实 Photoshop 中的绘画工具、填充工具、图层等都具有混合模式这项功能，虽然出现的位置不同，但它们的含义及产生的效果是完全相同的。各种混合模式的作用解释如下：

◇ 【正常】：这是默认的混合模式，它使用混合色替换图像中的基色。如果混合色是不透明的，则基色被完全覆盖；如果混合色是半透明的，则基色会在一定程度上透过混合色显露出来。

◇ 【溶解】：该模式将混合色随机分布在基色中，使结果色根据像素位置的不透明度显示基色或混合色，产生杂点效果。因此，该模式对柔边画笔效果特别明显。

◇ 【背后】：该模式中的混合色只对当前图层的透明部分有效，对存在基色的图像部分不产生作用，产生在图像背后着色的效果。

◇ 【清除】：选择该模式，混合色所经过的区域中的图像将被清除掉，就像使用橡皮擦工具一样。

◇ 【变暗】：使用该模式时，系统将查看每个通道中的颜色信息，并选择基色或混合色中较暗的颜色作为结果色。其中，比混合色亮的基色被替换，比混合色暗的基色保持不变。

◇ 【正片叠底】：该模式将混合色与基色进行叠加，产生比这两种颜色更暗的结果色。混合色如果是黑色，结果色同样为黑色；混合色如果是白色，对基色不起任何作用。

◇ 【颜色加深】：该模式查看每个通道中的颜色信息，并通过增加对比度使基色变暗以反映混合色，与白色混合后不产生变化。

◇ 【线性加深】：该模式查看每个通道中的颜色信息，并通过减小亮度使基色变暗以反映混合色，与白色混合后不产生变化。

◇ 【变亮】：使用该模式时，系统将查看每个通道中的颜色信息，并选择基色或混合色中较亮的颜色作为结果色。其中，比混合色暗的基色被替换，比混合色亮的基色保持不变。该模式与【变暗】模式恰好相反。

◇ 【滤色】：该模式与【正片叠底】模式相反，它将混合色的互补色与基色进行叠加，产生比这两种颜色更亮的结果色。

◇ 【颜色减淡】：该模式与【颜色加深】模式相反，它查看每个通道中的颜色信息，并通过减小对比度使基色变亮以反映混合色，与黑色混合不发生变化。

◇ 【线性减淡】：该模式与【线性加深】模式相反，它查看每个通道中的颜色信息，并通过增加亮度使基色变亮以反映混合色，与黑色混合则不发生变化。

◇ 【叠加】：该模式是最简单的也是最有用的，它总是增强对比度，提高图像颜色的饱和度，但是对白色或黑色不起作用。

◇ 【柔光】：该模式根据混合色的灰度值对基色作变暗或变亮处理。效果与发散的聚光灯照在图像上相似。如果混合色的灰度值大于 50%，则图像变亮，就像被减淡了一样；如果混合色的灰度值小于 50%，则图像变暗，就像被加深了一样。

◇ 【强光】：该模式根据混合色的灰度值对图像进行覆盖或漂白处理，产生一种将强烈的聚光灯照射在图像上的效果，与【柔光】模式相似，但效果更强烈一些。

◇ 【亮光】：该模式根据混合色的亮度，通过增加或减小对比度来加深或减淡图像。如果混合色比 50% 的灰色亮，则通过减小对比度使图像变亮；如果混合色比 50% 的灰色暗，则通过增加对比度使图像变暗。

◇ 【线性光】：该模式通过增加或降低亮度来加深或减淡图像，结果取决于混合色，如果混合色比 50% 的灰色亮，则通过增加亮度使图像变亮；如果混合色比 50% 的灰色暗，则通过降低亮度使图像变暗。

◇ 【点光】：该模式根据混合色替换颜色。如果混合色比 50% 的灰色亮，则替换比混合色暗的颜色，而不改变比混合色亮的颜色；如果混合色比 50% 的灰色暗，则替换比混合色亮的颜色，而不改变比混合色暗的颜色。这对于向图像添加特殊效果非常有用。

◇ 【实色混合】：该模式将混合色与基色进行叠加，产生色彩分离的效果。

◇ 【差值】：该模式查看每个通道中的颜色信息，并从基色中减去混合色，或从混合色中减去基色，具体取决于哪一个颜色的亮度值更大，与白色混合将反转基色值，与黑色混合则不产生变化。

◇ 【排除】：该模式创建一种与【差值】模式相似但对比度更低的效果。与白色混合将反转基色值，与黑色混合则不发生变化。

◇ 【色相】：使用该模式时，只有基色的色相受到混合色的影响，而亮度和饱和度保持不变，对于黑色和白色像素不起作用。

◇ 【饱和度】：该模式使用基色的亮度和色相以及混合色的饱和度创建结果色。在无饱和度的区域上用使用此模式绘画不产生任何变化。

◇ 【颜色】：该模式使用基色的亮度以及混合色的色相和饱和度创建结果色。这种模式可以保护图像中灰度色阶，多用于给单色或彩色图像着色。

◇ 【亮度】：该模式使用基色的色相和饱和度以及混合色的亮度创建结果色。

6.1.4　铅笔工具

铅笔工具与画笔工具的使用方法一样，只是效果不同。对于铅笔工具而言，画笔的硬度是没有意义的，它始终以硬边的模式来表现线条，铅笔工具选项栏如图 6-7 所示。

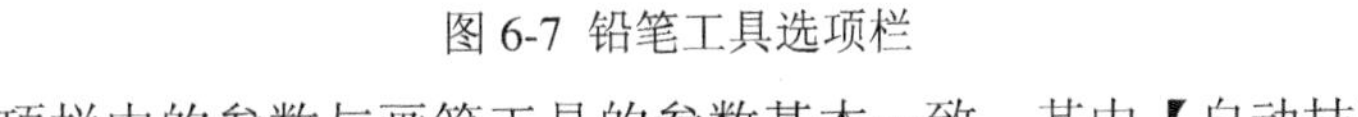

图 6-7　铅笔工具选项栏

铅笔工具选项栏中的参数与画笔工具的参数基本一致，其中【自动抹除】选项是铅笔工具独有的，选择该项以后，其作用相当于橡皮擦工具，可以在包含前景色的区域上方绘制背景色。

📖【实例练习】立体线条的制作

在网页中使用一些立体线条作为装饰，可以极大地丰富网页的视觉效果。下面学习使用铅笔工具制作立体线条的方法。

(1) 单击菜单栏中的【文件】/【打开】命令，打开素材文件"tu6-1.jpg"，这是一幅网页作品，如图 6-8 所示。

图 6-8　网页效果

(2) 选择工具箱中的"铅笔工具"🖉，在其工具选项栏中设置参数如图 6-9 所示，然后按下 F5 键，在打开的【画笔】面板中设置【间距】为 300％，如图 6-10 所示。

图 6-9　铅笔工具的参数　　　　　　　　　　图 6-10　间距的设置

(3) 在【图层】面板中创建一个新图层"图层 1"。

(4) 设置前景色为白色，按住 Shift 键在画面中水平拖曳鼠标，绘制一条两个像素宽度的虚线，如图 6-11 所示。

图 6-11　画上白色的虚线

(5) 在【图层】面板中创建一个新图层"图层 2"。

(6) 设置前景色为黑色，按住 Shift 键的同时，在白色虚线的上方水平拖曳鼠标，再绘制一条相同长度的黑色虚线，使两条虚线错位 1 个像素，结果如图 6-12 所示。

图 6-12　画上黑色的虚线

(7) 同样的方法，可以再绘制一条立体线条，最终效果如图 6-13 所示。

图 6-13　网页的最终效果

6.2　修饰图像

无论是网页设计还是其它类型的平面设计，往往都要用到一些图像素材，如果这些图像素材存在瑕疵，则需要进行修复或润饰。Photoshop 提供了一组功能非常强大的智能修复工具，在图像的修饰方面非常有效。

6.2.1 污点修复画笔工具

污点修复画笔工具可以快速移去图像中的污点和其它不理想的部分，特别适合修照片。它使用图像或图案中的样本像素进行绘画，并将样本像素的纹理、光照、透明度和阴影与所修复的像素进行匹配。

选择工具箱中的"污点修复画笔工具"  以后，其工具选项栏如图 6-14 所示。

图 6-14　污点修复画笔工具选项栏

◇ 【近似匹配】：选择该选项，可以使用画笔边缘周围的像素来修补图像的污点。如果该选项的修复效果不好，可以尝试使用【创建纹理】选项。

◇ 【创建纹理】：选择该选项，可以使用画笔覆盖区域中的所有像素创建一个用于修复污点的纹理。如果纹理不起作用，可以再次单击污点区域。

◇ 【内容识别】：选择该选项，可以比较污点附近的图像内容，不留痕迹地修复污点，更好地保留图像细节，如阴影和对象边缘。

📖✏【实例练习】修复衣服上的污渍

(1) 单击菜单栏中的【文件】/【打开】命令，打开素材文件"tu6-2.jpg"，这幅图片中的衣服上有污渍，如图 6-15 所示。

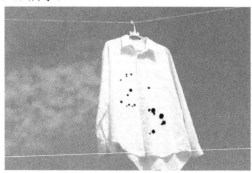

图 6-15　有污渍的衣服图像

(2) 选择工具箱中的"污点修复画笔工具"，在其工具选项栏中选择【内容识别】选项，画笔大小设置为 15，如图 6-16 所示。

图 6-16　污点修复画笔工具的参数

(3) 在图像中衣服的污渍上单击鼠标，则污渍神奇般地消失了，如图 6-17 所示。在操

作过程可以通过 [键或] 键随时调整画笔大小。

图 6-17 修掉一部分污渍

(4) 同样的方法，继续修复其它污渍，结果如图 6-18 所示。

图 6-18 修复后的最终效果

6.2.2 修复画笔工具

修复画笔工具可用于消除图像中的瑕疵。使用修复画笔工具时需要从图像中取样或者直接利用图案对图像进行修复，并且在修复图像时可以将采样像素的纹理、光照和阴影与被修复区域的像素进行匹配，从而使修复后的像素不留痕迹。它与污点修复画笔的最大区别在于需要先取样再修复。

选择工具箱中的"修复画笔工具" 以后，在其工具选项栏中可以设置各项参数，如图 6-19 所示，大部分参数与画笔是一致的，这里重点介绍一下修复画笔工具独有的几个选项。

图 6-19 修复画笔工具选项

◇ 【取样】：选择该选项，需要在图像中进行取样，然后在要修复的图像部位单击鼠标或拖曳鼠标。

◇ 【图案】：选择该选项，则不需要取样，直接从【图案】选项中选择所需要的图案即可。

❖ 【对齐】：选择该选项，将对图像像素进行连续取样，在拖曳鼠标的过程中，不管是否有停顿，都将接着上一次的操作结果继续取样。取消该选项，则会在每次停止并重新开始拖曳鼠标时使用初始取样。

📖✍ 【实例练习】修复破旧的沙发

(1) 单击菜单栏中的【文件】/【打开】命令，打开素材文件"tu6-3.jpg"，这是一个破损的沙发，如图 6-20 所示。

(2) 选择工具箱中的"修复画笔工具"，在其工具选项栏中设置相应的参数，如图 6-21 所示。

图 6-20　要修复的图像　　　　　　　图 6-21　修复画笔工具的参数

(3) 按住 Alt 键在较平滑的部分单击鼠标，进行取样，取样位置如图 6-22 所示。

(4) 释放 Alt 键，然后在破损处拖曳鼠标，修复不理想的部分，使其尽量显得平滑、自然，如图 6-23 所示。

图 6-22　取样的位置　　　　　　　　图 6-23　修复后的效果

(5) 同样的方法，继续取样并修复其它的破损部位，最终效果如图 6-24 所示。

图 6-24　最终的修复效果

修复画笔工具的使用比污点修复画笔工具的使用方法略复杂一些，需要先设置样本，才能修复图像。但是它具有自己的优点，它可以使用图案修复图像，还可以从一幅图像中取样并应用于另一幅图像，而污点修复画笔工具却不能。

6.2.3　修补工具

修补工具可以使用采样像素或图案来修复选中的图像区域，并且将样本像素的纹理、光照和阴影与被修补区域的像素进行匹配。与修复画笔工具不同的是修补工具可以建立选区。选择工具箱中的"修补工具" 以后，其工具选项栏如图 6-25 所示。

图 6-25　修补工具选项栏

左侧的四个交叉运算按钮与选择工具一样，这里不再解释。

◇　【源】：选择该选项，目标区域的像素将替换选区(源区域)内的像素。

◇　【目标】：选择该选项，将使用选区的像素替换目标区域的像素。

◇　【透明】：选择该选项，将用于修补的图案变为透明，不覆盖修补的像素。

【实例练习】快速修掉草地上的物品

(1) 单击菜单栏中的【文件】/【打开】命令，打开素材文件"tu6-4.jpg"，下面使用修补工具修掉草地上的物品，如图 6-26 所示。

图 6-26　打开的图像

(2) 选择工具箱中的"修补工具"，在工具选项栏中调整选项如图 6-27 所示。

图 6-27　修补工具的参数

(3) 在图像窗口中拖曳鼠标，选择草地上的物品，如图 6-28 所示。

图 6-28　选择的物品

(4) 将光标置于选区内，向右侧拖曳鼠标，位置如图 6-29 所示。

图 6-29　修复后的效果

(5) 释放鼠标，修复不干净的地方，可以再重复操作一次，然后按下 Ctrl+D 键取消选区，则修复的图像效果如图 6-30 所示。

图 6-30　最后的修复效果

6.3　其它编辑工具

在 Photoshop 中，除了可以绘制与修饰图像以外，还可以使用其它编辑工具对图像进行修改或编辑。下面介绍几种常用的编辑工具。

6.3.1　橡皮擦工具

橡皮擦工具与日常生活中的橡皮擦一样，可以擦除画面中的内容。使用橡皮擦工具擦除图像时分为两种情况：一是在背景层上使用时，它相当于使用背景色绘画，也就是用背景色覆盖掉涂抹区域；二是在普通图层上使用时，它会完全擦除图层上的内容，涂抹区域变为透明区域，如图 6-31 所示。

图 6-31　分别在背景层与普通图层上使用橡皮擦工具的效果

橡皮擦工具有三种工作模式，即"画笔"、"铅笔"和"块"，一般情况下使用"画笔"模式居多，此时需要调整画笔的大小、硬度等参数，以适合编辑图像的要求。橡皮擦工具选项栏如图 6-32 所示。

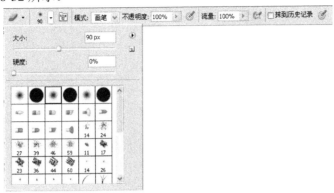

图 6-32　橡皮擦工具选项栏

使用橡皮擦工具擦除图像时，主要有以下几项参数需要注意：

- ◇ **【大小】**：这里的画笔大小实际上就是橡皮的大小。值较大时，拖曳鼠标时擦除的面积就大；值较小时，拖曳鼠标时擦除的面积就小。
- ◇ **【硬度】**：这是一个很重要的参数，如果希望得到非常整齐的边缘，硬度应该越大越好；如果希望得到柔和的边缘，硬度应该越小越好。
- ◇ **【不透明度】**：对于橡皮擦工具来说，它影响的是擦除图像的程度，值越高，擦除得越彻底；值越低，擦除得越少。
- ◇ **【抹到历史记录】**：选择该选项时，橡皮擦工具就像历史记录画笔一样，可以将指定的图像区域恢复到原始状态。

【实例练习】使用橡皮擦工具抠取图像

(1) 单击菜单栏中的【文件】/【打开】命令，打开素材文件"tu6-5.jpg"，如图 6-33 所示，下面将其中的扇子抠取出来。

(2) 按住 Alt 键，在【图层】面板中双击"背景"图层，则该图层转换为"图层 0"，如图 6-34 所示。

图 6-33　素材图像

图 6-34　转换为"图层 0"

(3) 选择工具箱中的"橡皮擦工具"，在工具选项栏中设置参数如图 6-35 所示。这里的参数与画笔的参数是相同的。

图 6-35　橡皮擦工具的参数

(4) 将图像适当放大显示，按住 Shift 键在画面中分别单击扇柄的两端，这样就擦除了一部分背景，如图 6-36 所示。

(5) 用同样的方法，沿扇子的边缘擦除背景，遇到曲线形边缘时需释放 Shift 键，如图 6-37 所示。

图 6-36　擦除一边

图 6-37　沿边缘擦除效果

(6) 在工具选项栏中调整画笔的大小，擦除其余部分的背景，结果如图 6-38 所示。

图 6-38　抠取后的效果

6.3.2　仿制图章工具

仿制图章工具是 Photoshop 中最"古老"的修复工具，它就像魔术师手中的道具，可以在图像窗口中"克隆"出与原样本一模一样的复制品。正是由于它具有这样的功能，所以仿制图章工具可以用来修复图像或复制图像，特别是在数码照片后期处理中，常用于美化人物皮肤。

选择工具箱中的"仿制图章工具"　之后，按住 Alt 键在图像中单击鼠标进行取样，然后在图像的另外位置上拖曳鼠标，就可以复制图像。如果是在另外一幅图像中拖曳鼠标，则可以创建合成效果。

使用仿制图章工具时，如果画笔过大或过小，可以根据实际情况随时调整。另外，合理设置参数极其重要，仿制图章工具选项栏如图 6-39 所示。

图 6-39　仿制图章工具选项栏

下面介绍一些主要参数的作用：
- ◇ 【画笔】：用于选择系统预设的画笔大小，也可以修改画笔大小与硬度。
- ◇ 【模式】：用于设置复制图像与原图像之间颜色的混合模式。
- ◇ 【不透明度】：用于设置复制图像的不透明度。如图 6-40 所示，左图为原图像；中间图为取样后设置【不透明度】为 30%，然后拖曳鼠标复制出来的图像效果；右图为取样后设置【不透明度】为 70%并拖曳鼠标复制出来的图像效果。

图 6-40　不同透明度的复制效果

- ◇ 【对齐】：选择该选项，将对图像像素进行连续取样，在拖曳鼠标的过程中，不管是否有停顿，都将接着上一次的操作结果继续取样。取消该选项，则会在每次停止并重新开始拖曳鼠标时使用初始取样。如图 6-41 所示，取消【对齐】选项后，根据一个取样点在不同的位置单击鼠标创建的多个复制效果。左图为原图像，右图为复制后的图像。

图 6-41　取消【对齐】选项后的复制效果

- ◇ 【样本】：用来设置从指定的图层中进行取样，如果要从当前图层及其下方的可见图层中取样，可以选择"当前和下方图层"；如果仅从当前图层中取样，可选择"当前图层"；如果要从所有可见图层中取样，可选择"所有图层"。

仿制图章工具的本质是复制操作，但是它和【拷贝】与【粘贴】不同，它可以像盖图章一样，将拾取的图像复制到指定的区域。在使用该工具之前，需要先进行取样操作，取样的实质相当于执行了【拷贝】命令，这时整幅图像被复制到 Windows 剪贴板中，然后设置适当的画笔大小，通过拖曳鼠标就可以快速完成图像的复制操作。拖曳鼠标相当于执行【粘贴】命令。

📖【实例练习】更换天空

(1) 单击菜单栏中的【文件】/【打开】命令，打开素材文件"tu6-6.jpg"，这是一幅天空图片。

(2) 选择工具箱中的"仿制图章工具"，在工具选项栏中设置【大小】为 175，【不透明度】为 35%，然后勾选【对齐】选项，并设置【样本】为"所有图层"，如图 6-42 所示。

图 6-42　仿制图章工具的参数

(3) 按住 Alt 键，在图像窗口中单击鼠标，设置取样点，如图 6-43 所示。

图 6-43　取样点的位置

(4) 打开本书光盘"素材"文件夹中的"tu6-6a.jpg"图像文件。按下 F7 键打开【图层】面板，单击面板下方的【创建新图层】按钮，创建一个新图层"图层 1"，如图 6-44 所示。

图 6-44　打开图像并新建图层

(5) 在图像窗口中的天空部分拖曳鼠标，则将取样点的天空图像复制到指定位置。继续在图像窗口中拖曳鼠标，直到满意为止。关闭【图层】面板，可以观察到复制后的图像效果，如图 6-45 所示。

图 6-45　图像效果

　　　使用仿制图章工具克隆图像时，应根据克隆图像的情况在工具选项栏中选择适当大小的笔头。如果笔头太小，则需要较长的时间进行绘画；如果笔头太大，可能会将不需要的内容也克隆出来。

6.3.3　减淡工具和加深工具

减淡工具和加深工具可以方便地改变图片的明亮度。使用减淡工具在图像中拖曳鼠标，可以使图像局部加亮。

选择工具箱中的某一种工具后，通过设置工具选项栏中的选项，可以对图像中不同的色调部分进行细微调节，它们的工具选项栏如图 6-46 所示。

图 6-46　减淡工具和加深工具的选项栏

◇　【范围】：用于设置减淡或加深的不同范围。选择"阴影"选项时可以更改图像的暗调区；选择"中间调"选项时可以更改图像的半色调区，即暗调与高光之间的部分；选择"高光"选项时可以更改图像的高光区。

◇　【曝光度】：用于设置减淡或加深操作的曝光程度。值越大，效果越明显。

◇　【保护色调】：选择该选项，可以防止出现颜色变化。

本 章 小 结

Photoshop 的绘制与修饰功能十分强大，由于在网页设计中使用并不多，所以本章主要介绍了一些基本的绘制与修饰工具，以便于在网页设计过程中应付一些基本的修图或绘制操作。通过本章的学习，读者应该做到：

◇　熟练使用画笔工具与铅笔工具绘制各种线条。

◇　了解 Photoshop 中的混合模式。

◇　学会使用污点修复画笔工具与修复画笔工具对图像进行修饰。

◇　掌握修补工具的使用方法，并能够灵活运用该工具修复图像中的瑕疵。

◇　掌握橡皮擦工具的使用方法。

◇　掌握仿制图章的本质与使用方法。

◇　了解减淡工具和加深工具的作用与使用方法。

本 章 习 题

1. ＿＿＿＿＿模拟传统的毛笔效果，而＿＿＿＿＿模仿了现实生活中的铅笔效果。

2. 使用橡皮擦工具擦除图像时分为两种情况：一是在＿＿＿＿＿上使用时，相当于使用背景色绘画；二是在＿＿＿＿＿上使用时，则完全擦除图层上的内容。

3. 使用污点修复画笔工具修复图像时有 3 种类型，分别是＿＿＿＿＿、＿＿＿＿＿和＿＿＿＿＿。

4. ＿＿＿＿＿与＿＿＿＿＿工具在使用前需要先进行取样。

5. 下列工具中属于修复类工具的是＿＿＿＿＿。

　　A. 画笔工具　　　B. 铅笔工具　　　C. 修补工具　　　D. 橡皮擦工具

6. 使用仿制图章工具定义取样点时，需要按住＿＿＿＿＿键。

　　A. Shift　　　　B. Alt　　　　　C. Ctrl　　　　　D. Alt + Ctrl

7. 如何要使用画笔工具绘制直线，需要按住＿＿＿＿＿键，然后再拖曳鼠标。

　　A. Shift　　　　B. Ctrl　　　　　C. Alt　　　　　D. T ab

8. 简述动态画笔有哪几个选项。

9. 简述仿制图章工具的本质。

10. 简述污点修复画笔工具与修复画笔工具的异同点。

第 7 章　图层的使用技术

本章目标

- 了解图层的类型与特点

- 掌握图层的合并、对齐与分布操作

- 学会管理图层、栅格化图层、调整图层顺序的方法

- 进一步加深对混合模式的认识

- 掌握图层样式的类型与使用方法

- 认识并掌握图层蒙版的基本使用

- 了解剪贴蒙版，并学会使用剪贴蒙版

7.1 图层类型

前面介绍了图层的概念与基本操作，任何作品的实现都离不开图层，图层分为 6 种类型，分别是普通图层、背景图层、文字图层、形状图层、填充图层和调整图层。

7.1.1 普通图层

普通图层是指用于绘制、编辑图像的一般图层，在普通图层中可以随意地编辑图像，在没有锁定图层的情况下，任何操作都不受限制。

在【图层】面板中，通过单击【创建新图层】按钮创建的图层就是普通图层，普通图层的缩览图中显示了该层中的图像内容，如 7-1 所示。

7.1.2 背景图层

背景图层始终位于图像的最下面，一个图像文件中只能有一个背景图层。一般地，新建或打开文件时将自动产生背景图层，如图 7-2 所示。

图 7-1　普通图层

图 7-2　打开文件时的背景图层

在创建新文件时，如果设置【背景内容】选项为"透明"，则新建的文件没有背景图层，如图 7-3 所示。

图 7-3　选择"透明"选项时没有背景图层

在背景图层中，许多操作都受到限制，例如，不能移动背景图层、不能改变其不透明度，不能使用图层样式，不能调整其排列次序等。背景图层的右侧有一个"锁形" 🔒 标记，表明该层是锁定的。

由于背景图层的操作受到很多限制，所以 Photoshop 提供了背景图层与普通图层互相转换的功能。在进行一些特殊的操作时，可以先将背景图层转换为普通图层，其方法是按住 Alt 键双击"背景"图层。

7.1.3　调整图层

调整图层是一种无损编辑工具，最大优势在于不破坏原始图像的前提下实现图像的色彩调整。通过它可以调整位于其下方的所有可见层中的像素色彩，而不必对每一个图层都进行色彩调整，同时它又不影响原图像的色彩，就好像戴上墨镜看风景一样，所以在图像的色彩校正中有较多的应用。

7.1.4　填充图层

使用【新建填充图层】命令可以在【图层】面板中创建填充图层，填充图层允许用户使用纯色、渐变色或图案进行填充。在功能上，它与普通图层没什么大的差别，填充图层能够实现的效果，普通图层也可以实现，只是填充图层的使用与修改更方便一些而已。另外，填充图层具有图层蒙版，这是普通图层与填充图层的区别，如图 7-4 所示，左侧为普通图层，右侧为填充图层。

图 7-4　普通图层与填充图层

7.1.5　文字图层

当向图像中输入文字时，将自动产生文字图层，由于它对文字内容具有保护作用，因此在该图层上许多操作受到限制，例如，不能使用绘图工具对文字图层绘画，不能对文字图层填充颜色等。

文字图层的最大优势在于为用户对文字的操作提供了更加随意与自由的空间，栅格化文字图层之前，可以随意地更改字体、字号、文字颜色；让文字沿路径排列；变形文字等，而在 Photoshop 4.0 之前的版本不具有这些操作功能。

关于文字的更多操作将在后面章节介绍，这里读者只要认清文字图层即可，外观上它的缩览图是一个字母 "T"，即 Text 的首写字母，如图 7-5 所示。

7.1.6　形状图层

当使用形状工具或钢笔工具绘制图形时，可以产生形状图层。该类型的图层缩览图右下角有一个小标记，如图 7-6 所示。更深入的内容将在路径部分介绍。

图 7-5　文字图层　　　　　图 7-6　形状图层

7.2　了解更多的图层操作

图层是 Photoshop 不可缺少的核心技术之一，因为有了它，才让设计变得如此简单。在第 3 章中介绍了一些图层的基本操作，本节将深入学习更多的图层操作知识。

7.2.1　调整图层的顺序

图像中的图层位置关系直接影响到整个图像的效果，当在同一个位置上存在多个图层内容时，不同的排列顺序将产生不同的视觉效果。用户可以根据需要排列图层的顺序。

调整图层顺序时，可以通过【图层】/【排列】菜单完成，也可以在【图层】面板中完成，后者操作起来更方便一些。在实际工作中，随时都可能调整图层的顺序，以求得满意的图像效果。调整图层顺序时，虽然可以通过菜单命令完成，但是并不建议使用这种方法，因为直接在【图层】面板中调整图层更加灵活与方便。另外，需要注意：背景层永远在最底层，不可能改变它的图层位置。

使用菜单调整图层顺序的操作步骤如下：

(1) 在【图层】面板中选择要调整顺序的图层。

(2) 单击菜单栏中的【图层】/【排列】，弹出一个子菜单，如图 7-7 所示。

(3) 执行相应的子菜单命令，即可调整图层的排列顺序。

如果要在【图层】面板中调整图层的顺序，需要将光标指向要调整顺序的图层，按下鼠标左键拖曳到两个图层之间，当两个图层之间的分界线高亮显示时释放鼠标，就可以调整图层顺序，如图 7-8 所示。

图 7-7　排列子菜单

图 7-8　调整图层顺序

📖【实例练习】改变图层的排列顺序

(1) 单击菜单栏中的【文件】/【打开】命令，打开素材文件"tu7-1.psd"，这是一幅由 4 个图层组成的图像，如图 7-9 所示。

图 7-9　打开的素材文件

(2) 在【图层】面板中将"图层 2"拖曳到"图层 1"的下方，效果如图 7-10 所示。

图 7-10　调整图层顺序

(3) 在【图层】面板中选择"图层 3"，然后单击菜单栏中的【图层】/【排列】/【置为底层】命令，这时图像没什么变化，但是图层顺序改变了，如图 7-11 所示。

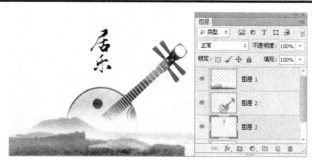

图 7-11　调整图层顺序

7.2.2　对齐与分布图层

排列与对齐操作可以快速地定位图像的空间位置，得到规律排列的图像效果。在进行这项操作时，可以通过【图层】菜单中的【对齐】与【排列】子菜单命令来实现，也可以在移动工具选项栏中来实现，读者可以根据自己的习惯来操作。

对齐图层的操作步骤如下：

(1) 在【图层】面板中同时选择要对齐的图层。

(2) 单击菜单栏中的【图层】/【对齐】命令，弹出一个子菜单，如图 7-12 所示。

(3) 在子菜单中选择所需要的对齐命令，可以实现图层的对齐操作。

在 Photoshop 中，既可以使多个图层中的图像彼此对齐，也可以使图层中的图像与选区对齐。当需要图层与选区对齐时，首先要在图像窗口中创建一个选区，然后单击菜单栏中的【图层】/【将图层与选区对齐】命令，从子菜单中选择所需要的对齐命令即可，如图 7-13 所示。

图 7-12　对齐子菜单　　　　　　　图 7-13　将图层与选区对齐子菜单

分布图层是指将三个以上的图像间隔均匀地进行排列。分布图层同样需要先在【图层】面板中选择多个图层，然后单击菜单栏中的【图层】/【分布】命令，从子菜单中选择分布命令即可，如图 7-14 所示为水平中心分布前、后的效果。

图 7-14　水平中心分布前、后的效果

7.2.3 合并图层

一个图像文件可以含有很多图层，但是过多的图层将占用大量内存，影响计算机处理图像的速度，特别是图层非常多时，文件的体积也非常大，为操作或交换图像带来了不便。所以在处理图像的过程中，需要及时地将处理好的图层进行合并，以释放内存，节约磁盘空间。

合并图层就是将两个或两个以上的图层合并为一个图层。如图 7-15 所示，在 Photoshop 的【图层】菜单中有以下几种合并图层的命令：

◇ 【向下合并】：将当前图层与其下面的图层合并为一层，如果选择了多个图层，则【向下合并】变为【合并图层】，即将选择的多个图层合并为一层。快捷键是 Ctrl+E。

◇ 【合并可见图层】：将所有的可见图层合并为一层，对隐藏的图层不产生作用。快捷键是 Shift+Ctrl+E。

向下合并(E)	Ctrl+E
合并可见图层([)	Shift+Ctrl+E
拼合图像(F)	

图 7-15 合并图层的命令

◇ 【拼合图像】：将所有的图层合并为一层，如果图像中存在隐藏的图层，执行该命令时将丢弃隐藏图层。

7.2.4 栅格化图层

在 Photoshop 中，文字图层、形状图层等具有矢量性质，不能应用一些特殊的操作，如滤镜、绘画、填充等，因此如果要对这类图层执行滤镜操作或绘画编辑时，必须先将其栅格化，即将它们转换为普通图层。对于不同类型的图层，栅格化图层的方法如下：

◇ 单击菜单栏中的【图层】/【栅格化】/【文字】命令，可以将文字图层转换为普通图层。

◇ 单击菜单栏中的【图层】/【栅格化】/【形状】命令，可以将形状图层转换为普通图层。

◇ 单击菜单栏中的【图层】/【栅格化】/【填充图层】命令，可以将填充图层转换为普通图层。

◇ 单击菜单栏中的【图层】/【栅格化】/【智能对象】命令，可以将智能对象图层转换为普通图层。

◇ 单击菜单栏中的【图层】/【栅格化】/【图层样式】命令，可以将图层样式表现的效果应用到图层上。

另外，栅格化文字图层、形状图层、填充图层的操作还可以在【图层】面板中完成，即在要栅格化的图层上单击鼠标右键，从弹出的菜单中选择【栅格化图层】命令即可，如图 7-16 所示。

图 7-16 栅格化图层

①当将文字图层、形状图层、填充图层栅格化以后，即转换为普通图层以后，不能再转换回原来的图层类型。

② 当选择不同的图层类型时，栅格化的命令会有所变化，例如，在文字图层上单击右键时，则显示【栅格化文字】命令。

7.2.5　使用图层组

在 Photoshop 中，图层组的概念类似于 Windows 中的文件夹。它可以将一些同类的图层归到同一个组中，例如，可以将有关文字图层放入一个组中，将有关图像图层放入另一个组中。这样可以把图层进行分类管理，大大提高效率。

❖　在【图层】面板中单击下方的 ▢ 按钮，可以创建一个空的图层组，默认名称为"组 1"；单击菜单栏中的【图层】/【新建】/【组】命令，弹出【新建组】对话框，如图 7-17 所示，单击【确定】按钮，也可以创建一个空图层组。

图 7-17　【新建组】对话框

❖　在【图层】面板中选择多个图层，单击菜单栏中的【图层】/【新建】/【从图层建立组】命令，可以在建立图层组的同时将选择的图层置于图层组中。

❖　如果要将某一个图层放入图层组中，可以将图层拖曳到图层组上，当图层组名称呈高亮显示时释放鼠标，则图层被添加到了图层组中。

❖　图层组既可以折叠起来，又可以展开，单击图层组左侧的三角形按钮可以在两种状态之间转换。

【实例练习】使用图层组管理图层

(1) 单击菜单栏中的【文件】/【打开】命令，打开素材文件"tu7-2.psd"，这是一幅由 Photoshop 绘制的卡通形象，包含了很多图层，如图 7-18 所示。

图 7-18　打开的素材文件

（2）在【图层】面板中选择"皮"图层为当前图层，然后按住 Shift 键单击"鞋"图层，将这两层之间的 7 个图层同时选中。

（3）单击菜单栏中的【图层】/【新建】/【从图层建立组】命令，在弹出的【从图层新建组】对话框中设置选项，如图 7-19 所示。

图 7-19　【从图层新建组】对话框

（4）单击【确定】按钮，将【图层】面板中选中的 7 个图层放入"组 1"图层组中，如图 7-20 所示。展开"组 1"图层组，可以看到其中的所有图层，如图 7-21 所示。

图 7-20　创建"组 1"图层组　　　图 7-21　展开"组 1"图层组

（5）在【图层】面板中选择"眼白"层为当前图层，然后按住 Shift 键单击"鼻"层，将这两层之间的图层同时选中。

（6）单击菜单栏中的【图层】/【新建】/【从图层建立组】命令，在弹出的【从图层新建组】对话框中设置选项，如图 7-22 所示。

图 7-22　【从图层新建组】对话框

（7）单击【确定】按钮，将选中的 8 个图层放入"组 2"图层组中。

（8）同样方法，同时选中剩余的图层，放入创建的"组 3"图层组中。这时的【图层】面板就非常简洁了，如图 7-23 所示。

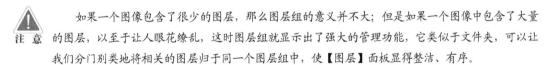

　　　　如果一个图像包含了很少的图层，那么图层组的意义并不大；但是如果一个图像中包含了大量的图层，以至于让人眼花缭乱，这时图层组就显示出了强大的管理功能，它类似于文件夹，可以让我们分门别类地将相关的图层归于同一个图层组中，使【图层】面板显得整洁、有序。

图 7-23 创建图层组后的【图层】面板

7.3 图层的混合模式

图层的混合模式是 Photoshop 中最为精妙的功能之一，常常用于改变图像颜色、图像合成等，可以实现一些特殊的艺术效果，但是其原理也是比较复杂的。不过，设计师完全不必去追究其变化原理，通常在使用混合模式时，逐一试验即可。当然，掌握了其变化规律，将更有利于设计工作。

在【图层】面板中打开混合模式下拉列表，可以看到所有的混合模式分为 6 组，分别为正常混合、加深混合、减淡混合、对比混合、差值混合、着色混合，如图 7-24 所示。

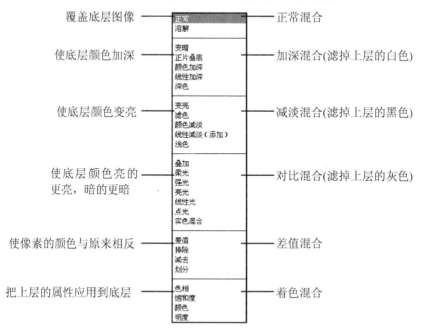

图 7-24 混合模式列表

在记忆这些混合模式时，可以分组记忆，没有必要逐条背诵。

1．正常混合

正常混合组中有两种混合模式：一是正常，二是溶解。

◇ 正常：这是图层混合模式的默认方式，选择这种模式时，上层图像不与其它图层发生任何混合，上层图像完全覆盖下层图像，如图 7-25 所示。

◇ 溶解：这种模式的上层图像随机溶解到下层图像中，溶解效果与像素的不透明度有关。当上层图像完全不透明时，与"正常"模式无异，但是随着透明度的降低，上层图像将以散乱的点状形式渗透到底层图像上，但不影响图像的色彩，不透明度的大小影响了散点的密度，如图 7-26 所示。

图 7-25　正常模式　　　　　　　　　　图 7-26　溶解模式

2．加深混合

加深混合组中共有 5 种混合模式：变暗、正片叠底、颜色加深、线性加深和深色，它们有一个共同的特点，即滤掉上层图像中的白色，使底层颜色加深。也就是说，如果上层图像中有白色，那么使用加深混合中的任何一种混合模式，都可以轻松地去除白色。如图 7-27 所示，左图为正常模式，右图为正片叠底模式。

这组混合模式中，最常用的是"正片叠底"模式，该模式将上、下两层图像进行叠加，产生比原来更暗的颜色。它模拟将多张幻灯片叠放在投影仪上的投影效果，使用它可以进行图像融合。

图 7-27　正常模式与正片叠底模式的对比

3．减淡混合

减淡混合组中也有 5 种混合模式：变亮、滤色、颜色减淡、线性减淡(添加)和浅色，它们的共同点是将上层图像中的黑色滤掉，从而使底层图像的颜色变亮。如图 7-28 所示，左图为正常模式，右图为滤色模式。

这组混合模式中，"滤色"模式是比较常用的一种模式，它与"正片叠底"恰好相反，可以使图像变得更亮，照片曝光不足时可以使用该模式加以纠正。

图 7-28　正常模式与滤色模式的对比

4．对比混合

这组混合模式主要用于改变图像的反差，包括叠加、柔光、强光、亮光、线性光、点光和实色混合 7 种混合模式。其中，"叠加"与"柔光"模式最为常用，特别是在数码照片的后期处理中，常常用于加强照片对比度。

对比混合组中所有的混合模式也有一个共性，即可以滤掉上层图像中的灰色，从而使底层图像中暗的地方更暗，亮的地方更亮。如图 7-29 所示，左图为正常模式，右图为叠加模式。

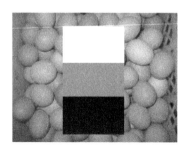

图 7-29　正常模式与叠加模式的对比

5．差值混合

差值混合组中含有 4 种混合模式，即差值、排除、减去和划分。这组混合模式中的典型代表是"差值"模式，它将上、下两图层图像进行比较，然后用亮度高的颜色减去亮度低的颜色作为结果，当与黑色混合时不改变颜色，与白色混合时产生反转色。这种模式适用于模拟底片效果。而"排除"模式的作用与"差值"相似，但是对比度更低。

6．着色混合

着色混合组中也 4 种混合模式，分别是色相、饱和度、颜色和明度，这组混合模式是基于 HSB 颜色模式进行工作的，它将上层图像的色相、饱和度、颜色和明度应用到底层图像上。

其中"颜色"模式较为常用，可以为黑白照片上色，或者制作单色调图像。它的作用就是将上层图像的颜色应用到底层图像上，而亮度与对比度不发生变化。如图 7-30 所示，左图为正常模式，右图为颜色模式。

图 7-30　正常模式与颜色模式的对比

7.4　图层样式的应用

图层样式其实是一些滤镜效果的简化使用，如投影、浮雕、发光等。以前需要由滤镜创作的效果，现在使用图层样式可以轻松地完成，大大简化了工作流程。

图层样式具有很多优势，以前需要反复使用滤镜、通道才能完成的效果，在【图层】样式对话框中可以一步完成，并且能够同时对图像应用多种图层样式，而不需要反复执行命令，这是一个非常高效的图像处理工具。

7.4.1　图层样式介绍

Photoshop 提供了 10 种常用的图层样式，使用图层样式可以轻松地创建出各种图像特效。使用图层样式时，可以通过菜单栏中的【图层】/【图层样式】命令中的子菜单命令实现，还可以通过【图层】面板中的功能按钮实现，如图 7-31 所示。

图 7-31　【图层样式】命令

1．投影和内阴影

这是一对相反的图层样式效果。【投影】样式可以使物体产生普通的投影效果；【内阴影】样式可以向物体的内部产生投影。【投影】样式与【内阴影】样式的参数基本一致，如图 7-32 所示。

图 7-32 　【投影】样式与【内阴影】样式的参数

最常用的几项参数作用如下：

◇ 　【角度】：用于设置投影(内阴影)效果的光照角度，如果选择【使用全局光】复选框，则光照角度将应用于图像中的所有图层，否则光照角度仅对当前图层起作用。

◇ 　【距离】：用于设置投影(内阴影)的偏移距离。

◇ 　【大小】：用于设置投影(内阴影)边缘的模糊程度。

2．外发光和内发光

这也是一对效果相反的图层样式效果。【外发光】样式可以使物体沿着边缘向外发光；【内发光】样式可以使物体沿着边缘向内发光。【外发光】样式与【内发光】样式的参数基本一致，如图 7-33 所示。

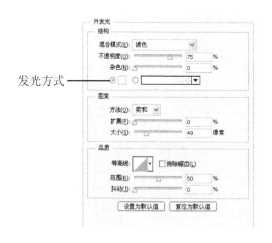

图 7-33 　【外发光】样式与【内发光】样式的参数

最常用的几项参数作用如下：

◇ 　发光方式：Photoshop 提供了两种发光方式，选择前面的选项为纯色光；选择后面的选项为渐变光。分别单击 ■ 色块或 ▼ ，可以设置发光的颜色或特殊发光效果。

◇ 【扩展】/【阻塞】：用于控制发光效果的发散程度。

◇ 【大小】：用于设置发光范围的大小。

3. 描边

【描边】样式可以对当前图层中的图像进行描边，不但可以描纯色，还可以描渐变色和图案，这要比【描边】命令的功能更强大。【描边】样式的参数如图 7-34 所示。

最常用的几项参数作用如下：

◇ 【大小】：用于设置描边的宽度。

◇ 【位置】：用于设置描边的位置。它有 3 种
不同的位置：外部、内部、居中。外部是
沿着图像的边缘向外进行描边；内部是沿
着图像的边缘向内进行描边；居中是沿着
图像的边缘向两侧同时进行描边，例如，
描边的大小为 10 像素，那么图像边缘的内
侧占 5 像素，外侧占 5 像素。

图 7-34 【描边】样式的参数

◇ 【填充类型】：用于选择不同的描边方案。它有 3 种方案：颜色、渐变、图案。选择不同的描边方案时，参数会有所变化。

4. 斜面和浮雕

这是一个非常重要的图层样式，功能也最强大。使用它可以创建立体表现效果。斜面和浮雕共有 5 种样式，分别是外斜面、内斜面、浮雕效果、枕状浮雕和描边浮雕，不同的样式产生的效果也不一样。【斜面和浮雕】样式的参数相对复杂一些，如图 7-35 所示。

最常用的几项参数作用如下：

◇ 【样式】：提供了 5 种不同的斜面和浮雕样
式。选择"内斜面"样式时，可以使图层
内容的内侧边缘产生斜面；选择"外斜
面"样式时，可以使图层内容的外侧边缘
产生斜面；选择"浮雕效果"样式时，可
以使图层内容相对于下面的图层产生浮雕
效果；选择"枕状浮雕"样式时，可以使
图层内容边缘向下面的图层中产生冲压效
果；选择"描边浮雕"样式时，可以对图
层应用描边浮雕效果。

图 7-35 【斜面和浮雕】样式的参数

◇ 【深度】：用于设置斜面或浮雕效果的深度。

◇ 【大小】：用于设置斜面或浮雕的尺寸大小。

◇ 【软化】：用于设置模糊阴影程度，以减弱斜面或浮雕的三维效果。

◇ 【光泽等高线】：用于产生有光泽的、类似金属效果的外观，覆盖在斜面或

浮雕效果之上。

◇ 【高光模式】：用于设置斜面或浮雕高光区域的混合模式与颜色。

◇ 【阴影模式】：用于设置斜面或浮雕阴影的混合模式与颜色。

5．光泽

【光泽】样式用于向图像内部应用与图像形状相互作用的底纹，从而产生具有绸缎光泽的效果。【光泽】样式的参数如图 7-36 所示，其参数与前面几种图层样式的参数基本类似。

图 7-36　【光泽】样式的参数

6．颜色、渐变、图案叠加

这三种图层样式同属一种类型，它们都是在不改变物体本身颜色属性的前提下为物体覆盖一层新的颜色、渐变色或图案。

7.4.2　应用预设样式

Photoshop 提供了很多预设的图层样式，用户可以直接使用它们。单击菜单栏中的【窗口】/【样式】命令，可以打开【样式】面板，如图 7-37 所示，这里是系统提供的一些预设样式。

Photoshop 为用户提供了非常多的预设样式，使用时可以将它们载入到【样式】面板中。单击【样式】面板右上角的 按钮，打开面板菜单，在面板菜单的最下方有一组样式命令，如图 7-38 所示，单击相应的命令可以将样式追加到【样式】面板中。

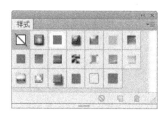 

图 7-37　【样式】面板图 7-38 预设样式

通常情况下，在【样式】面板中单击某一种样式，就可以将其应用到当前图层上。从【样式】面板拖曳样式到【图层】面板中的图层上或图像窗口中，也可以为当前图层应用样式。

当对图层中的内容应用了样式后，再应用另外一个样式时，前一个样式将被替换掉。如果要在已经应用了样式的图层中继续添加其它样式，而不是替换，则需要按住 Shift 键再单击要应用的样式。

【实例练习】制作一个水晶按钮

(1) 单击菜单栏中的【文件】/【打开】命令，打开素材文件 "tu7-3.psd"，这是一幅绘制好的按钮，共有 3 个图层，如图 7-39 所示。

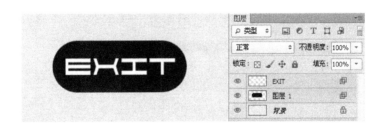

图 7-39 打开的素材文件

(2) 单击菜单栏中的【窗口】/【样式】命令，打开【样式】面板。单击右上角的 按钮，在打开的菜单中选择【Web 样式】命令，追加系统预设的 Web 样式。

(3) 在【图层】面板中选择"图层 1"，然后在【样式】面板中单击应用"带投影的蓝色凝胶"样式，则图像效果如图 7-40 所示。

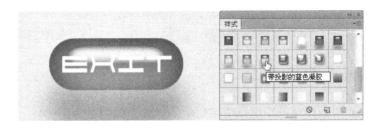

图 7-40 应用预设样式

(4) 应用样式以后，在【图层】面板中可以看到"图层 1"上出现了使用的样式，如图 7-41 所示。在【图层】面板中双击"斜面与浮雕"样式，可以在弹出的【图层样式】对话框中修改其参数，如图 7-42 所示。

图 7-41 应用样式后的图层

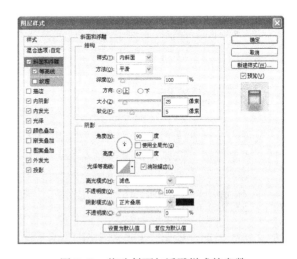

图 7-42 修改斜面与浮雕样式的参数

(5) 在【图层样式】对话框左侧选择【投影】样式，继续修改投影样式的参数，如图 7-43 所示。

(6) 单击【确定】按钮，则图像的最终效果如图 7-44 所示。

图 7-43　修改投影样式的参数　　　　　　　图 7-44　最终效果

7.4.3　复制/粘贴图层样式

在 Photoshop 中，用户可以将一个图层中的样式复制到另一个图层上，这样可以减少工作量，具体操作步骤如下：

(1) 选择包含图层样式的图层。

(2) 单击菜单栏中的【图层】/【图层样式】/【拷贝图层样式】命令，复制图层样式。

(3) 选择要粘贴样式的图层，可以是一个图层，也可以是多个图层。

(4) 单击菜单栏中的【图层】/【图层样式】/【粘贴图层样式】命令，即可将复制的样式粘贴到所选图层上。

注　意　　复制图层样式时，如果目标图层上已经存在图层样式，则粘贴的图层样式将取代原有的图层样式。

7.5　图层的蒙版

图层蒙版是一种无损编辑工具，它为用户处理图像提供了一种十分灵活的编辑手段，特别是需要隐藏或显示图像的某一部分时，使用图层蒙版非常有效。

7.5.1　创建图层蒙版

如果要创建图层蒙版，可以先使用选择工具在图像中建立选择区域，然后在【图层】面板中单击 按钮，则选择区域以外的图像被蒙住，选择区域内的图像可见；如果按住 Alt 键的同时单击 按钮，则选择区域以内的图像被蒙住，只有选择区域外的图像可见，如图 7-45 所示。

按住Alt键，单击"蒙版"按钮　　先创建选择区域　　单击"蒙版"按钮

图 7-45　添加蒙版的效果

另外，创建图层蒙版时，也可以使用【图层】菜单中的图层蒙版命令，如图 7-46 所示，共有以下 5 个命令：

图 7-46　图层蒙版命令

◇ 【显示全部】：无论图像中是否存在选择区域，都将建立一个完全没有遮盖效果的图层蒙版。

◇ 【隐藏全部】：建立一个全部遮盖的图层蒙版。

◇ 【显示选区】：建立一个显示选择区域内部图像的图层蒙版。

◇ 【隐藏选区】：建立一个遮盖选择区域内部图像的图层蒙版。

◇ 【从透明区域】：基于图层的透明区域建立蒙版，遮盖住透明区域，以便快速编辑。

注 意

使用蒙版的最大好处是它不破坏原来的图像，而是通过蒙版控制图像的显示与隐藏，故即使操作错了，也不必担心图像被破坏而无法恢复，只要适当地编辑蒙版或删除蒙版就可以还原。

7.5.2　编辑图层蒙版

为图层增加了图层蒙版后，在【图层】面板上，该图层的右侧将出现蒙版缩览图。如果蒙版缩览图被选中，这时的绘图和编辑工具只对蒙版起作用，在图像窗口中进行操作时就是编辑蒙版。

编辑蒙版时，只要把握住两点即可：第一，当单击蒙版缩览图进入蒙版编辑状态以后，就进入了一种灰度图像模式，只能设置黑、白、不同梯度的灰色；第二，在图层蒙版中涂抹黑、白、不同梯度的灰色，分别对应着隐藏图像、显示图像、图像的半透明效果。编辑图层蒙版的操作步骤如下：

(1) 在【图层】面板中单击图层蒙版缩览图激活蒙版，这时蒙版缩览图的四周显示白框，如图 7-47 所示。

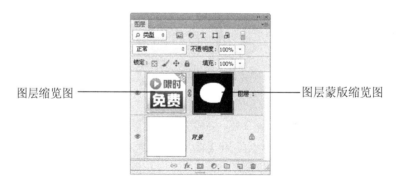

图层缩览图 ———— 图层蒙版缩览图

图 7-47　选择图层蒙版

> ⚠ 注意　由于图层蒙版是灰度通道，因此，当激活图层蒙版以后，前景色和背景色将转变为灰度值，即无法显示彩色信息。

(2) 选择任意一种编辑工具(如画笔工具、渐变工具等)，并在工具选项栏中设置合适的选项。

(3) 在图像中拖曳鼠标，即可编辑图层蒙版。在图层蒙版中，白色表示显示的图像区域，黑色表示被遮盖的图像区域，灰色表示图像被遮盖的程度。

7.5.3　停用图层蒙版

如果要停用图层蒙版，可以按住 Shift 键单击【图层】面板中的图层蒙版缩览图，或者单击菜单栏中的【图层】/【图层蒙版】/【停用】命令，此时，一个红色的"×"将出现在图层蒙版缩览图上，图像窗口将显示原图像的全部内容。

停用图层蒙版后，如果要恢复蒙版效果，可以按住 Shift 键单击【图层】面板上的图层蒙版缩览图，或者单击菜单栏中的【图层】/【图层蒙版】/【启用】命令，如图 7-48 所示分别为图层蒙版的停用和启用状态。

图 7-48　图层蒙版的停用和启用状态

7.5.4　应用与删除图层蒙版

在图层上建立图层蒙版以后，将增大图像文件的大小。为了减小文件的大小，可以将蒙版应用到图层中或删除图层蒙版，操作步骤如下：

(1) 在【图层】面板中选择要删除的图层蒙版。

(2) 单击面板下方的 🗑 按钮，将弹出一个信息提示框，系统询问在删除之前是否要对图层应用蒙版效果，如图 7-49 所示。

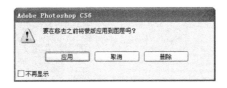

图 7-49　删除蒙版时出现的提示框

(1) 单击【应用】按钮，则将蒙版效果应用到图层中；单击【删除】按钮，则不对图层应用蒙版效果，直接删除图层蒙版。

📖【实例练习】为照片换天空

(1) 单击菜单栏中的【文件】/【打开】命令，打开素材文件 "tu7-4a.jpg" 和 "tu7-4b.jpg"，如图 7-50 所示。

图 7-50　打开的素材文件

(2) 将 "tu7-4b.jpg" 图像窗口中的天空素材复制到 "tu7-4a.jpg" 图像窗口中，调整好位置，如图 7-51 所示，这时【图层】面板中将自动产生一个新图层 "图层 1"。

图 7-51　将天空素材复制到图像中

(3) 在【图层】面板中单击█按钮，为天空图片所在的"图层 1"创建图层蒙版，如图 7-52 所示。

(4) 设置前景色为黑色。选择工具箱中的【渐变工具】，在工具选项栏中设置渐变色为"前景色到透明"，并设置渐变类型为"线性渐变"，其它参数为默认值，如图 7-53 所示。

图 7-52　创建图层蒙版　　　　图 7-53　设置渐变色

(5) 按住 Shift 键的同时，在图像窗口中由下向上拖曳鼠标，编辑图层蒙版，如图 7-54 所示，则图像效果如图 7-55 所示。

图 7-54　编辑蒙版　　　　　　图 7-55　图像效果

单击菜单栏中的【图层】/【图层蒙版】/【删除】命令，可以删除蒙版；单击菜单栏中的【图层】/【图层蒙版】/【应用】命令，可以将蒙版直接应用到图层上。

注意

7.6　剪贴蒙版

剪贴蒙版是将相邻的图层组成一组，其中最下面图层中的透明区域作为蒙版，对组内上方的各层起到遮盖的作用。

只有连续的图层才可以组成一个剪贴蒙版。剪贴蒙版中最下面的图层名称带有下划线，并且被剪贴图层的缩览图缩进显示。剪贴蒙版中所有的图层将被赋予与最下面图层相同的不透明度和模式属性。

例如，某图层上存在一个形状，它上面的图层上有一个纹理，最上面的图层是文字，如果将这三个图层作为剪贴蒙版，则纹理和文字只能透过最下面的形状显现，如图 7-56 所示。

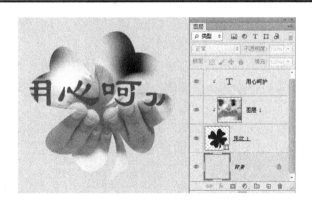

图 7-56　创建剪贴蒙版

在 Photoshop 中，创建剪贴蒙版的方法有两种：

❖ 按住 Alt 键将光标指向【图层】面板上两个图层之间的分隔线上，当光标变为 ⋅⬤ 形状时单击鼠标，可以将相邻的两个图层建立剪贴蒙版，再次单击则取消剪贴蒙版。

❖ 在【图层】面板中选择一个图层，单击菜单栏中的【图层】/【创建剪贴蒙版】命令，可以将当前图层与其下方的图层建立剪贴蒙版。

本 章 小 结

图层是 Photoshop 中极其重要的一个概念，几乎所有的操作都离不开图层，它为设计工作带来了极大的便捷性。本章重点介绍了图层的相关知识，通过本章的学习，读者应该做到：

❖ 熟悉图层类型以及每一种图层类型的特点。

❖ 熟练掌握图层的各种操作。

❖ 进一步加深对混合模式的认识并能够在设计中合理运用。

❖ 灵活掌握图层样式的编辑与使用。

❖ 掌握图层蒙版的使用方法。

❖ 掌握剪贴蒙版的使用方法。

本 章 习 题

1. 对图层进行分类管理的是_____，它能大大提高工作效率。

2. _____命令可能合并所有图层，同时删除所有隐藏图层。

3. 图层的 6 种类型是_____、_____、_____、_____、_____和_____。

4. 只有_____图层才可以组成一个剪贴蒙版。剪贴蒙版中所有图层被赋予与最底层相同的_____和_____。

5. 不能移动、不能使用图层样式，也不能调整排列顺序的图层是_____。

　　A．文字图层　　　　　B. 普通图层　　　C. 背景图层　　　　D. 形状图层

6. 下列不属于图层混合模式的是_____。

A. 阴影   B. 正片叠底   C. 差值   D. 强光

7. 下列关于图层蒙版的描述，不正确的是_____。

    A. 使用蒙版可以在不影响图像本身像素的前提下控制图像的透明效果

    B. 所有的图层都可以添加图层蒙版，包括背景图层

    C. 只能通过【图层】面板添加图层蒙版

    D. 既可以使用画笔工具编辑蒙版，也可以使用渐变工具和滤镜

8. 简述 Photoshop 中引入图层蒙版的意义。

9. 简述图层样式的种类与效果。

10. 分组叙述混合模式的特点与作用。

第8章 路径与图形

📖 本章目标

- 理解路径的含义、作用与构成
- 掌握使用钢笔工具创建路径的方法
- 掌握编辑路径的工具与方法
- 学会使用【路径】面板
- 掌握路径与选区的转换
- 掌握填充路径与描边路径的操作
- 学会使用形状工具绘制图形

8.1 绘制与编辑路径

Photoshop 是一款位图处理软件，在矢量绘画方面不是它的长处，所以引入了路径的概念，以弥补 Photoshop 在矢量绘图方面的不足。

8.1.1 了解路径的含义

在 Photoshop 中，既可以创建不包含任何像素的矢量路径，也可以创建具有一定外形的剪切路径，即矢量图形。另外，路径也是选区的延伸与补充，它为我们创建一些精确的选区提供了最有效的解决方法。

严格地说，Photoshop 中的路径是一种辅助绘画工具，用钢笔工具勾画出的路径是不能被输出的，只有将路径转化为选区进行描边或填充以后才能形成图像。

1．路径的作用

在 Photoshop 中，路径可以是一个点、一条线或者是一个封闭的环。路径有以下重要作用：

- ◇ 可以像矢量软件一样，方便地绘制复杂的图形，如卡通人物、标志等不规则的形状。
- ◇ 借助路径可以更精确地选择图像。当图像本身的颜色与背景色很接近时，或者图像的形状为流线形时，使用路径来抠取图像是一个不错的选择。
- ◇ 结合【填充路径】和【描边路径】命令，创建一些特殊的图像效果。
- ◇ 可以单独作为矢量图输出到其它的矢量图软件中。
- ◇ 可为创建沿路径排列的文字提供支持。

2．路径的构成

路径由一条或多条直线或曲线构成，既可以是封闭的，也可以是不封闭的，线的转折点处是锚点，如图 8-1 所示是路径示意图。

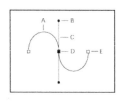

图 8-1　路径示意图

其中 A 是曲线段，B 是方向点，C 是方向线，D 是选择的锚点，E 是未选择的锚点。对路径的调整主要是对锚点的调整，通过调整锚点可以改变路径的形态。锚点有三种类型，如图 8-2 所示，其中：没有方向线的锚点称为角点；有方向线且方向线对称的锚点称为平滑点；有方向线但方向线不对称的锚点称为拐点。

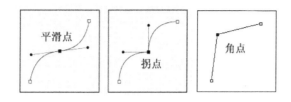

图 8-2 锚点的三种类型

8.1.2 三种不同的绘图模式

在 Photoshop 中，钢笔工具与形状工具是绘制路径的主要工具，并且提供了三种不同的绘图方式，分别是路径、形状、像素。选择工具箱中的"钢笔工具"或某一个"形状工具"时，可以在工具选项栏中选择不同的绘图方式。

在选项栏中选择【路径】选项后，这时可以创建工作路径，它出现在【路径】面板中，【图层】面板中不会有任何变化，如图 8-3 所示。路径可以转换为选区、蒙版形状，也可以通过填充与描边路径得到位图图像。

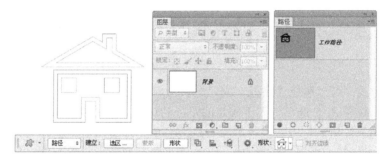

图 8-3 选择"路径"选项

在选项栏中选择【形状】选项后，可以在独立的形状图层中创建形状，形状图层由填充区域和形状两部分组成，填充区域定义了形状的颜色、图案和图层的不透明度；形状则是一个矢量图形，定义了图形的轮廓，它出现在【路径】面板中，如图 8-4 所示。

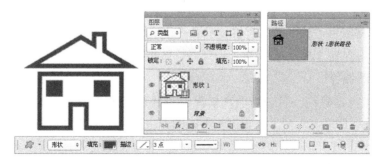

图 8-4 选择"形状"选项

在选项栏中选择【像素】选项后，这时将以填充像素的方式绘制图形，即使用前景色以颜色填充的方式直接覆盖在当前图层上，由于不创建路径，所以【路径】面板中不会出现工作路径，如图 8-5 所示。特别提示一下，该选项不能用于钢笔工具。

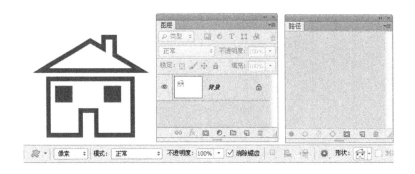

图 8-5　选择"像素"选项

8.1.3　钢笔工具的使用

钢笔工具主要用来创建各种形态的路径，使用它可以创建直线路径、曲线路径、封闭路径和开放路径。选择工具箱中的"钢笔工具" ，以后，工具选项栏中将显示钢笔工具的各项参数，如图 8-6 所示。

图 8-6　钢笔工具选项栏

◇ 绘图方式：可以选择"路径"或"形状"两种。
◇ 建立：共有 3 个选项，用于确定的路径的转换结果。当创建路径以后，单击【选区】按钮，可以将路径转换为选区；单击【蒙版】按钮，可以将路径转换为矢量蒙版(背景图层除外)；单击【形状】按钮，可以将路径转换为矢量图形。
◇ "路径操作" ：单击该按钮将打开一个列表，用于路径的合并计算。
◇ "路径对齐方式" ：当有多个路径时，用于设置路径的对齐。
◇ "路径排列方式" ：当有多个路径时，用于调整路径的上下层次关系。
◇ 单击 按钮，将出现【橡皮带】选项，选择该选项，则在图像中确定了路径的一个锚点后，移动光标时将显示下一段路径。
◇ 选择【自动添加/删除】选项，创建路径时可以自动添加或删除锚点。

1. 绘制直线路径

使用钢笔工具创建路径时分为两种情况：一种是创建直线路径，一种是创建曲线路径。直线路径的绘制方法最简单，根据需要在图像中单击鼠标就可以完成，具体操作步骤如下：

(1) 选择工具箱中的"钢笔工具" 。
(2) 在工具选项栏中设置绘图方式为【路径】。
(3) 将光标移动到图像中，则光标变为 形状，单击鼠标定位路径起始锚点，继续移动并单击鼠标确定其它的锚点，如图 8-7 所示。

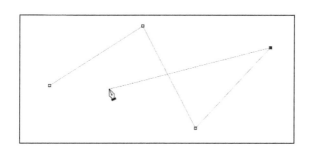

图 8-7　绘制路径

(4) 如果要绘制 45°、垂直或水平的路径，则按住 Shift 键的同时单击鼠标。

(5) 如果要绘制不闭合的路径，则按住 Ctrl 键的同时在路径以外区域单击鼠标。

(6) 如果要绘制闭合路径，则将光标指向第一个锚点处单击鼠标(如果放置的位置正确，光标旁将出现一个小圈)。

2．绘制曲线路径

曲线路径的绘制方法与直线路径的绘制方法不同，操作相对复杂一些，初学者对于路径形态的控制也有一定难度。绘制曲线路径的具体操作步骤如下：

(1) 选择工具箱中的"钢笔工具" ✐。

(2) 在工具选项栏中设置绘图方式为【路径】，选择【橡皮带】复选框。

(3) 将光标移动到起始位置，按住鼠标左键拖曳鼠标，这时沿拖曳反方向会出现一个方向线，它的长度与方向决定了下一段曲线路径的形状，当光标移动到适当的位置时释放鼠标，如图 8-8 所示。

(4) 将光标移动到另外一个位置，按住鼠标左键拖曳鼠标，同样会出现一个方向线，这时方向线的长度与方向不仅决定下一段曲线路径的形状，也影响上一段曲线路径的形状，如图 8-9 所示。

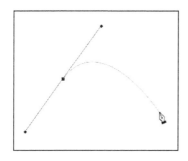

图 8-8　路径的形状(一)

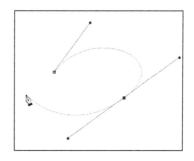

图 8-9　路径的形状(二)

(5) 将光标移动到另外一个位置，按住 Alt 键同时拖曳鼠标，则可以产生一个带有拐点的曲线路径，如图 8-10 所示。

(6) 如果要绘制闭合路径，则将光标指向第一个锚点单击鼠标(如果放置的位置正确，光标旁将出现一个小圈)，如图 8-11 所示。

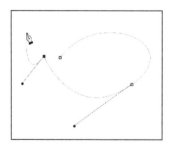

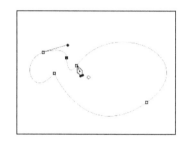

图 8-10　曲线路径(一)　　　　　　　图 8-11　曲线路径(二)

📖✒ **【实例练习】使用路径抠图**

(1) 单击菜单栏中的【文件】/【打开】命令，打开素材文件"tu8-1.jpg"，使用钢笔工具将玻璃瓶抠出来，如图 8-12 所示。

(2) 选择工具箱中的"铅笔工具"，放大显示图像，然后在画面中玻璃瓶的轮廓上单击并拖曳鼠标，创建第一个锚点，如图 8-13 所示。

图 8-12　打开的文件　　　　　　　　图 8-13　创建第一个锚点

(3) 继续在玻璃瓶轮廓上单击并拖曳鼠标，创建锚点并形成一段曲线状路径，如图 8-14 所示。

(4) 同样方法，沿玻璃瓶的轮廓创建路径，并使该路径闭合，如图 8-15 所示。

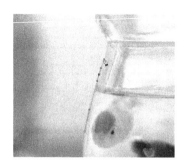

图 8-14　创建一段路径　　　　　　　图 8-15　完成路径的创建

(5) 创建了路径以后，【路径】面板中将产生一个"工作路径"，按住 Ctrl 键单击"工作路径"，可以将路径转换为选择区域，如图 8-16 所示。

(6) 按下 Shift+Ctrl+J 键，可将选择的玻璃瓶抠取到一个新的图层中，在【图层】面板中隐藏"背景"层，可以看到抠取后的效果，如图 8-17 所示。

图 8-16　路径转换为选区

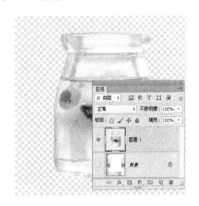

图 8-17　抠图效果

8.1.4　转换点工具

转换点工具主要用于调整路径上的锚点，使它们在角点、平滑点和拐点之间进行转换，从而改变路径的形状，基本操作步骤如下：

(1) 在工具箱中选择"转换点工具" ⌐。

(2) 在图像窗口中单击平滑点或拐点，可以将平滑点或拐点转换为角点，如图 8-18 所示。

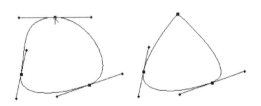

图 8-18　平滑点转换为角点

(3) 拖曳角点，可以将角点转换为平滑点，如图 8-19 所示。

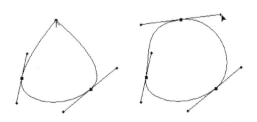

图 8-19　角点转换为平滑点

(4) 拖曳平滑点上的一个方向线,可以将平滑点转换为拐点,如图 8-20 所示。

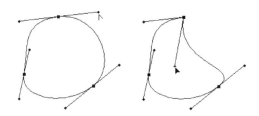

图 8-20　平滑点转换为拐点

8.1.5　直接选择工具

在外观上,直接选择工具是一个白箭头,它可以选择路径上的锚点,调整锚点的位置、局部改变路径的形状,同时直接选择工具还具有路径选择工具的一切功能。

(1) 在工具箱中选择"直接选择工具" ▷。

(2) 将光标指向锚点,单击鼠标可以选择一个锚点,被选中的锚点呈实心状态。按住 Shift 键单击要选择的锚点,可以选择多个锚点。按住 Alt 键单击路径上的任意锚点,可以选择路径上所有的锚点,如图 8-21 所示。

图 8-21　选择锚点

(3) 如果拖曳被选择的锚点,则锚点两侧的路径段随之变化,如图 8-22 所示。

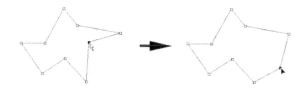

图 8-22　移动锚点

(4) 如果选择了路径上的所有锚点,则拖曳路径可以移动路径的位置,按住 Alt 键拖曳路径,可以复制路径。该操作与使用路径选择工具移动、复制路径是等效的。

(5) 如果选择的锚点是平滑点,锚点的两侧将出现方向线,拖曳方向线可以改变曲线路径的弧度,如图 8-23 所示。

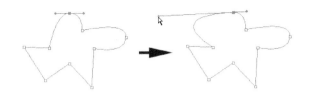

图 8-23　调整锚点

(6) 如果将光标指向锚点之间的路径拖曳鼠标，可以调整该段路径。当锚点之间为直线路径时，两侧的锚点将随路径同时移动；当锚点之间为曲线路径时，两侧的锚点不动，仅仅曲线路径本身进行拉伸、缩放或弯曲变化。

8.1.6　路径选择工具

"路径选择工具" ▶ 的功能比较简单，主要用于对路径进行选择、移动、复制、组合与变换等。当绘制了多条路径时，使用【路径选择工具】可以选择其中的一条路径进行调整，也可以使用多条路径进行组合。选择路径的操作如下：

(1) 在【路径】面板中显示路径。

(2) 选择工具箱中的【路径选择工具】，在图像窗口中单击某一条路径，即可选择该路径，这时所有锚点为实心状态，如图 8-24 所示。

(3) 按住 Shift 键在图像窗口中单击另一条路径，则同时选择两条路径，如图 8-25 所示。利用这种方法可以选择多条路径。

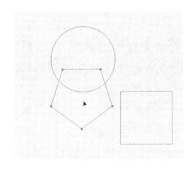

图 8-24　选择路径

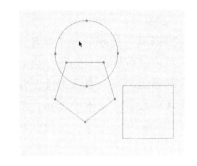

图 8-25　选择多条路径

(4) 在图像窗口中拖曳鼠标，可以框选路径，这时虚线框所经过的路径都将被选中。选择路径以后，按下 Esc 键则隐藏了路径上的锚点，再次按下 Esc 键，则隐藏路径。

8.2　【路径】面板

【路径】面板用于保存和管理路径，在面板中显示了所有存储的路径、工作路径与形状路径。下面学习【路径】面板的使用。

8.2.1 认识【路径】面板

单击菜单栏中的【窗口】/【路径】命令，可以打开【路径】面板，如图 8-26 所示。【路径】面板中显示了路径的名称及缩览图。打开图像文件时，与图像一起存储的路径将显示在【路径】面板中。

在【路径】面板中有三种形态的路径：一是常规路径，名称通常为"路径 1"、"路径 2"……这种路径可以随文件进行保存；二是工作路径，这是一种临时的路径，使用钢笔工具或图形工具创建路径时，就会自动产生工作路径，它不能随文件一起保存；三是绘制形状时产生的形状路径，当在【图层】面板中切换到其它图层时，形状路径自动消失。

图 8-26 【路径】面板

在【路径】面板的下方有一排按钮，它们的主要作用如下：

❖ 单击 ● 按钮，可以使用前景色填充路径。

❖ 单击 ○ 按钮，可以使用前景色描绘路径。

❖ 单击 ⸬ 按钮，可以将路径转换为选区。

❖ 单击 ◇ 按钮，可以将选区转换为路径。

❖ 单击 ▣ 按钮，可以将路径作为矢量蒙版添加到当前图层上。

❖ 单击 ▤ 按钮，可以建立一个新路径。

❖ 单击 🗑 按钮，可以删除所选路径。将路径拖曳到 🗑 按钮上，也可以删除所选路径。

使用钢笔工具或形状工具绘制路径时，如果先在【路径】面板中单击 ▤ 按钮新建路径，然后再进行绘制，则路径会自动存储；相反，如果没有新建路径，则绘制的路径以工作路径的形式出现，要双击【工作路径】，才能将其存储。

在【路径】面板中单击路径缩览图，可以在图像窗口中显示路径。一次只能显示一个路径。如果要在图像窗口中隐藏路径，可以按住 Shift 键单击路径缩览图。

8.2.2 复制与删除路径

在【路径】面板中将路径拖曳到 ▤ 按钮上，可以复制该路径。如果要复制并重命名路径，可以选择该路径，然后执行面板菜单中的【复制路径】命令，如图 8-27 所示，这时将弹出【复制路径】对话框，可以命名新路径。

图 8-27 通过【复制路径】命令复制路径

如果要将路径从一个文件复制到另一个文件，可以使用【路径选择工具】选择路径，然后单击菜单栏中的【编辑】/【拷贝】命令，再切换到另一个文件的图像窗口，单击菜单栏中的【编辑】/【粘贴】命令即可，如图 8-28 所示。

图 8-28　将路径从一个文件复制到另一个文件

如果要删除路径，可以在【路径】面板中选择路径，单击 🗑 按钮，也可以将路径拖曳到 🗑 按钮上。另外还可以按下 Delete 键直接删除。

8.2.3　选区和路径的转换

选区可以转换为路径，路径也可以转换为选区，因此，绘制复杂的图形时通常需要先创建路径，再转换为选区并填色。创建路径再将其转换为选区与直接创建选区没有任何区别，只是路径调整起来非常方便。将路径转换为选区的步骤如下：

(1) 在【路径】面板或图像窗口中选择路径。

(2) 在【路径】面板中菜单中单击【建立选区】命令，或者按住 Alt 键的同时单击 ⬭ 按钮，则弹出【建立选区】对话框，如图 8-29 所示。

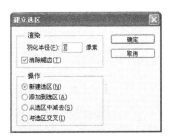

图 8-29　【建立选区】对话框

(3) 在对话框中设置相应的选项：

◇　【羽化半径】：用于设置将路径转换为选区时的羽化值。

◇　【消除锯齿】：用于设置选区是否产生抗锯齿效果，即平滑选区，一般情况下都要选择该选项。

◇　【操作】：当已经存在一个选区时，将路径再转换为选区，该选项用于确定新转换的选区与原选区的运算关系。

(4) 单击【确定】按钮，即可将所选路径转换为选区，如图 8-30 所示。

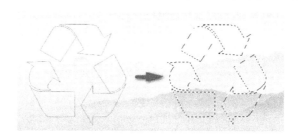

图 8-30　将路径转换为选区

8.2.4　填充路径

在图像窗口中创建了路径以后，可以用前景色对路径进行填充，其结果与转换为选区后再填充是一样的，但是这里有更多的填充选项。填充路径时，填充内容将出现在当前图层中，如果当前图层是文字图层、形状图层或调整图层，则无法填充路径。填充路径的操作步骤如下：

(1) 在【路径】面板中选择要填充的路径。

(2) 在【路径】面板菜单中选择【填充路径】命令，则弹出【填充路径】对话框，如图 8-31 所示。

图 8-31　【填充路径】对话框

(3) 在对话框中设置填充内容、混合选项以及羽化参数等。

◇　【使用】：在该下拉列表中可以选择要填充的内容，如"前景色"、"背景色"、"图案"等，当选择图案时，其下方的【自定图案】选项才有效。

◇　【模式】：用于设置填充内容与原图像之间的混合模式。

◇　【不透明度】：用于设置填充内容的不透明程度。

◇　【保留透明区域】：选择该选项，则只填充包含像素的图层区域。

◇　【羽化半径】：与选区的羽化具有相同的意义，可以控制填充路径时，图形边缘的柔和程度，值越大，越柔和。

◆ 【消除锯齿】：选择该选项，可以使填充区域的边缘过渡平滑。

(4) 单击【确定】按钮即可填充路径。如图 8-32 所示为两种不同的填充效果。

图 8-32　两种不同的填充路径的效果

8.2.5　描边路径

描边路径与填充路径的操作基本一致，但是描边之前需要先设置绘画或编辑工具的选项。描边路径的操作步骤如下：

(1) 在【路径】面板中选择要描边的路径。

(2) 在工具箱中选择描边路径的工具，如选择"画笔工具"。

(3) 在工具选项栏中设置画笔工具的参数，如大小、硬度、动态参数等。

(4) 在【路径】面板菜单中选择【描边路径】命令，则弹出【描边路径】对话框，从【工具】下拉列表中选择画笔，如图 8-33 所示。

图 8-33　【描边路径】对话框

(5) 单击【确定】按钮，即可完成描边路径操作。如图 8-34 所示为两种不同的描边效果。

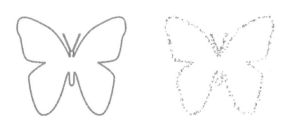

图 8-34　两种不同的填充路径的效果

📖【实例练习】绘制一个 Logo 图形

(1) 单击菜单栏中的【文件】/【新建】命令，创建一个新文件。

(2) 选择工具箱中的"钢笔工具"。

(3) 在【路径】面板中单击 按钮，创建一个"路径1"。

(4) 在图像窗口中绘制一个路径，绘制路径时可以边绘制边调整，按住 Ctrl 键可以调整锚点位置，按住 Alt 键可以调整锚点类型，结果如图 8-35 所示。

(5) 在工具选项栏中单击"路径操作"按钮 ，在打开的列表中选择【排除重叠形状】，如图 8-36 所示。

图 8-35 绘制的路径   图 8-36 路径操作类型

(6) 继续使用钢笔工具在现有的路径中间绘制路径，效果如图 8-37 所示。

(7) 设置前景色为淡绿色(RGB：148、193、45)，然后在【路径】面板中单击"用前景色填充路径"按钮 ，将路径填充为淡绿色，如图 8-38 所示。

图 8-37 在路径中间绘制的路径   图 8-38 填充路径的效果

(8) 同样的方法，在【路径】面板中分别创建"路径 2"和"路径 3"，并在图像窗口中绘制路径，用不同的绿色填充路径，结果如图 8-39 所示。

(9) 使用"文字工具"在图形的下方输入相关文字，最终效果如图 8-40 所示。

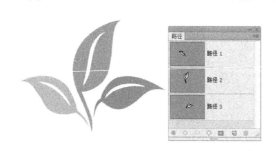

图 8-39 绘制的图形   图 8-40 最终效果

8.3 绘制图形

Photoshop 中的形状工具借鉴了矢量软件的绘图特点，可以直接在图像中绘制矩形、圆角矩形、椭圆、直线和多边形等图形，使用形状工具绘制出来的图形实际上就是剪切路径，因此它具有矢量性质。默认情况下，绘制出来的图形以前景色填充，用户可以根据需要修改它的颜色，也可以填充渐变色、图案等。

形状工具包括"矩形工具" 、"圆角矩形工具" 、"椭圆工具" 、"多边形工具" 、"直线工具" 和"自定形状工具" 。

8.3.1　矩形工具的使用

矩形工具可以用于绘制矩形和正方形，选择该工具以后，首先需要在工具选项栏中设置相应的参数，如图 8-41 所示。

图 8-41　矩形工具选项栏

◇　绘图方式：可以选择"路径"、"形状"和"像素"。选择不同的选项时，工具选项栏中的参数会有所变化。

◇　【填充】：用于设置图形的填充色，可以是单一色、渐变色或图案。

◇　【描边】：用于设置图形的轮廓色；也是可以是单一色、渐变色或图案。

◇　描边宽度：用于设置图形轮廓的粗细，取值范围 0～288 像素。

◇　描边类型：用于设置图形轮廓线的类型，单击该按钮，在打开的选项板中可以选择虚线，单击"更多选项"按钮 ，还可以在弹出的【描边】对话框中自定义虚线，如图 8-42 所示。

图 8-42　描边类型的更多选项

◇　【W】和【H】：用于设置所绘图形的宽度与高度。

◇　"路径操作" 、"路径对齐方式" 和"路径排列方式" ：这三个选项与钢笔工具的选项作用相同，不再赘述。

◇　单击 按钮将出现【几何体选项】面板，如图 8-43 所示，在这里可以选择不同的绘制矩形的方法：选择【不受约束】选项，表示可以在图像中拖曳鼠标创建任意宽度和高度的形状或路

图 8-43　【几何体选项】面板

径；选择【方形】选项，表示在图像中绘制的形状或路径为圆角正方形；选择【固定大小】选项，在【W】和【H】文本框中输入相应的值，则在图像中绘制的形状或路径将为设置的宽度和高度；选择【比例】选项时，在【W】和【H】文本框中输入相应的值，在图像中绘制的形状或路径的宽度和高度成比例。

使用矩形工具绘制图形的方法有两种：一是通过拖曳鼠标，绘制任意大小的矩形或正方形；二是单击鼠标可以创建精确大小的矩形或正方形，如图 8-44 所示。

图 8-44　创建精确大小的图形

8.3.2　圆角矩形工具的使用

圆角矩形工具可以用来创建圆角矩形或正方形，其使用方法与矩形工具基本相同，它的工具选项栏中只多了一个【半径】选项，用于控制圆角半径，值越大，圆角越平滑，如图 8-45 所示分别是【半径】为 20 像素与 50 像素的圆角矩形。

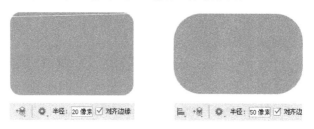

图 8-45　创建精确大小的图形

8.3.3　椭圆工具的使用

椭圆工具用于创建椭圆形或圆形，其工具选项栏中的参数与矩形工具相同。选择该工具后，在图像窗口中拖曳鼠标可以绘制椭圆形，按住 Shift 键拖曳鼠标则可以创建圆形。另外，也可以在图像窗口中单击鼠标，创建精确尺寸的椭圆形或圆形。如图 8-46 所示为使用该工具绘制的椭圆形与圆形。

图 8-46　绘制的椭圆与圆形

8.3.4　多边形工具的使用

使用多边形工具可以绘制 3～100 条边的多边形，当边数大于 36 时，多边形基本接近于圆形。选择了多边形工具以后，工具选项栏中的参数如图 8-47 所示。根据需要设置参数后，在图像窗口中拖曳鼠标就可以绘出各种各样的多边形。

图 8-47　多边形工具的选项

- ◇　【半径】：用于指定多边形外接圆的半径。设置了半径后，可以创建固定大小的多边形。
- ◇　【平滑拐角】：选择该选项，可以对创建的多边形拐角进行平滑处理。如图 8-48 所示为未选择该选项时的效果；如图 8-49 所示为选择该选项时的效果。

图 8-48　未选择【平滑拐角】选项的效果　　图 8-49　选择【平滑拐角】选项的效果

- ◇　【星形】：选择该选项，可以创建星形，否则创建多边形。
- ◇　【缩进边依据】：该选项主要控制星形的形态，在文本框中输入不同的百分比，可以创建各种星形，如图 8-50 所示分别为 30％、50％、80％的效果。

图 8-50　不同形态的星形

- ◇　【平滑缩进】：选择该选项，可以平滑星形的拐角。

8.3.5　直线工具的使用

使用直线工具可以绘制直线、带箭头的直线等。选择该工具后，在图像窗口中拖曳鼠标可以绘制直线，按住 Shift 键的同时拖曳鼠标，可以创建水平、垂直或 45°角的直线。直线工具选项栏中包含了设置直线粗细的选项，此外还可以在下拉面板中设置箭头的选项，如图 8-51 所示。

图 8-51　直线工具的选项

- ◇　【起点】和【终点】：选择该选项，可以绘制带箭头的直线，即起点、终点或两端带箭头的直线，如图 8-52 所示。

◇ 【宽度】和【长度】：在其对应的文本框中输入相应的值，可以指定箭头的
宽度和长度与直线宽度的百分比。

◇ 【凹度】：用于设置箭头的凹度与长度的百分比。如图 8-53 所示为不同凹陷
程度的箭头。

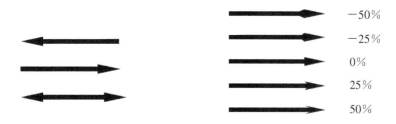

图 8-52　绘制带箭头的直线　　　　图 8-53　不同凹陷程度的箭头

【实例练习】申请邮箱流程图

每一个门户网站申请邮箱的流程都大同小异，为了帮助新用户能够顺利地完成邮箱申请，可以在帮助页面中画一个申请邮箱的流程图。

(1) 单击菜单栏中的【文件】/【打开】命令，打开素材文件"tu8-3.jpg"，这是一个预处理的流程图。

(2) 选择工具箱中的"圆角矩形工具" ，在工具选项栏中设置【半径】为 10 像素，【描边】为黄色(RGB：255、204、0)，其它参数如图 8-54 所示。

图 8-54　圆角矩形工具选项栏

(3) 在图像窗口中第一个图形上拖曳鼠标，添加一个虚线框，效果如图 8-55 所示。

(4) 同样的方法，为其它几个图形也添加虚线框，如图 8-56 所示。

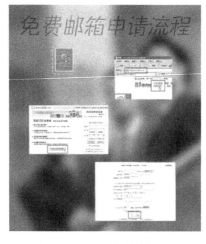 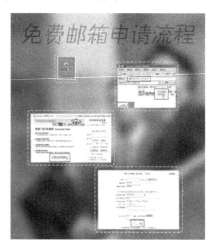

图 8-55　绘制的虚线框　　　　　　图 8-56　绘制其它虚线框

(5) 选择工具箱中的"椭圆工具" ⃝，在工具选项栏中设置【填充】为红色(RGB：204、0、0)，【描边】为无色，如图 8-57 所示。

图 8-57　椭圆工具选项栏

(6) 在图像窗口中单击鼠标，在弹出的【创建椭圆】对话框中设置【宽度】和【高度】均为 50 像素，如图 8-58 所示。

(7) 单击【确定】按钮，则绘制一个圆形，调整好位置，如图 8-59 所示。

图 8-58　【创建椭圆】对话框

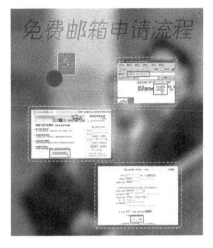

图 8-59　绘制的圆形

(8) 将绘制的圆形复制 3 个，并调整好位置，如图 8-60 所示。

(9) 选择工具箱中的"文字工具"，设置适当的字体与大小，在每一个圆形上输入数字，如图 8-61 所示。

图 8-60　复制后的圆形

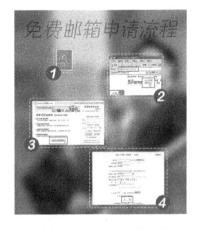

图 8-61　输入文字的效果

(10) 选择工具箱中的"直线工具"，在工具选项栏中设置【粗细】为 5 像素，【填充】为红色(RGB：204、0、0)，其它参数设置如图 8-62 所示。

图 8-62　直线工具选项栏

(11) 在图像窗口中①和②之间拖曳鼠标，绘出一个箭头图形，如图 8-63 所示。

(12) 同样的方法。在②和③之间、③和④之间再绘出两个箭头图形，结果如图 8-64 所示。

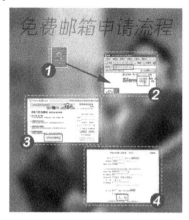

图 8-63　绘制箭头图形

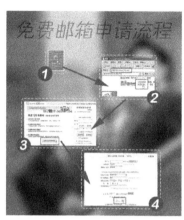

图 8-64　最终效果

8.3.6　自定形状工具的使用

使用自定形状工具可以绘制出更多的图案，用户可以从各种预设形状中选择图案，也可以自己定义形状。在工具箱中选择【自定形状工具】，然后在工具选项栏中选择系统预设的图形，如图 8-65 所示，并设置合适的选项，如图 8-66 所示，在画面中拖曳鼠标，就可以绘制所需的图形。如果要保持形状的比例，可以按住 Shift 键同时拖曳鼠标。

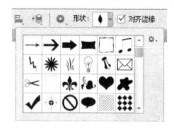

图 8-65　系统预设的形状

图 8-66　自定形状选项

📖【实例练习】使用自定形状绘制网页图标

系统预设了许多自定形状，使用它们可以快速地绘制一些标志或按钮，并且绘制的自定形状可以像路径一样修改，非常方便。

(1) 单击菜单栏中的【文件】/【打开】命令，打开素材文件"tu8-4.jpg"，这是一张背景素材。

(2) 选择工具箱中的"自定形状工具"，在工具选项栏中设置绘图方式为"像素"，【形状】为"圆形" ●，其它参数设置如图 8-67 所示。

图 8-67 自定形状工具选项栏

(3) 设置前景色为白色，然后在【图层】面板中创建一个"图层 1"，如图 8-68 所示，接着在图像窗口中拖曳鼠标，绘制一个白色的圆形，如图 8-69 所示。

图 8-68 新建图层　　　　　　　　　　　　图 8-69 绘制的圆形

(4) 在自定形状工具选项栏中设置【形状】为"圆形画框" O，然后修改绘图方式为"形状"，【填充】为红色(RGB：204、0、0)，如图 8-70 所示。

图 8-70 自定形状工具的参数设置

(5) 在图像窗口中拖曳鼠标，绘制一个红色环形图形，如图 8-71 所示。

(6) 选择工具箱中的"直接选择工具"，按住 Shift 键分别单击环形内侧路径上的 4 个锚点，将它们一起选中。

(7) 按下 Ctrl+T 键添加变形框，按住 Shift+Alt 键拖曳变形框任意一角的控制点，由中心等比例放大路径，如图 8-72 所示。

 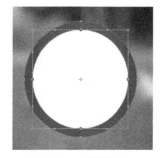

图 8-71 绘制的形状　　　　　　　　　　　　图 8-72 编辑形状

(8) 按下回车键确认变换操作，使圆环变得窄一些。

(9) 选择工具箱中的"自定形状工具"，在【形状】列表中选择"存储"形状，其它参数不变，如图 8-73 所示。

(10) 在图像窗口中拖曳鼠标，继续创建一个红色的图形，这样，就创建了一个"下载"图标，效果如图 8-74 所示。

图 8-73　选择预设形状

图 8-74　最终效果

如果系统提供的图案不能满足设计需要，用户可以通过网络下载形状文件，载入到系统中使用，也可以自己定义形状，定义形状的操作步骤如下：

(1) 使用钢笔工具或者任意一种形状工具在图像窗口中创建一个路径，例如创建如图 8-75 所示的路径。

(2) 单击菜单栏中的【编辑】/【定义自定形状】命令，则弹出【形状名称】对话框，如图 8-76 所示。

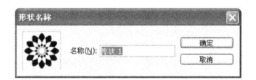

图 8-75　创建的路径

图 8-76　【形状名称】对话框

(3) 为形状命名后，单击【确定】按钮，则定义了形状，这时它会出现在形状列表的最后，如图 8-77 所示。

(4) 用前面介绍过的方法，使用自定形状工具在图像窗口中拖曳鼠标，可以绘出自定义的形状，如图 8-78 所示。

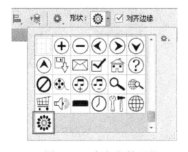

图 8-77　自定义的形状

图 8-78　使用自定义形状绘出的图形

本 章 小 结

Photoshop 中的路径功能非常强大。建议学习本章内容时，首先要理解路径的概念，其次，学会使用钢笔工具、形状工具创建路径，掌握路径编辑和选择工具的基本使用方法，并能运用到网页设计实践中去。通过本章的学习，读者应该做到：

◇ 透彻理解路径的概念与含义。
◇ 熟知钢笔工具、形状工具的三种不同的绘图模式。
◇ 掌握钢笔工具绘制各种路径的方法。
◇ 掌握转换点工具、直接选择工具、路径选择工具的使用方法，并能够灵活运
 用该工具调整路径形态。
◇ 认识并掌握【路径】面板的使用。
◇ 掌握路径的填充、描边与选区之间的转换操作。
◇ 掌握每一种形状工具的使用方法，并且能够灵活运用。

本 章 习 题

1．形状工具组中包括矩形工具、＿＿＿＿＿、椭圆工具、直线工具、＿＿＿＿＿和自定形状
工具。

2．形状工具的三种绘图模式是＿＿＿＿＿、＿＿＿＿＿和＿＿＿＿＿。

3．路径上的锚点可分为三种类型，分别是＿＿＿＿＿、＿＿＿＿＿和＿＿＿＿＿。

4．如果要将"工作路径"存储为路径，可以＿＿＿＿＿将其存储。

5．下列工具中不属于钢笔工具组的是＿＿＿＿＿。
 A．自由钢笔工具　　　　　　　　B．添加锚点工具
 C．直线工具　　　　　　　　　　D．转换点工具

6．在【路径】面板中，⬛ 按钮的作用是＿＿＿＿＿。
 A．使用前景色填充路径　　　　　B．使用前景色描边路径
 C．新建一个路径　　　　　　　　D．将路径转换为选区

7．使用钢画笔工具绘制路径的过程中，如果按住 Alt 键，则临时切换为＿＿＿＿＿工具。
 A．转换点工具　　　　　　　　　B．直接选择工具
 C．自由钢笔工具　　　　　　　　D．添加锚点工具

8．简述转换点工具的使用方法。

9．简述如何自定义形状。

第9章 文字的使用

本章目标

■ 学会文字工具的使用方法

■ 了解插入点文字与段落文字的区别

■ 学会沿路径排列文字的方法

■ 认识【字符】与【段落】面板

■ 掌握文本格式与段落格式的设置

■ 掌握文字变形功能的使用

■ 掌握文字图层的转换方法

9.1 文字工具的使用

文字是网页设计中不可缺少的一部分。设计网页时，文字的字体、字号、颜色、传递的信息等都要精心设计。Photoshop 中的文字工具生成的文字具有清晰的边缘，保留了基于矢量的文字轮廓。在制作网页效果图时，离不开文字工具的运用。

按照输入方法的不同，Photoshop 中的文字分为插入点文字和段落文字。创建文字时，无论是插入点文字还是段落文字，都会自动产生一个文字图层。

9.1.1 文字工具

Photoshop 中的文字工具包含两种类型：文字工具与文字蒙版工具，如图 9-1 所示。按照创建文字方向的不同，又可分为横排文字工具和直排文字工具。

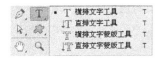

图 9-1 文字工具组

文字工具可以让用户创建文字，并且可以指定文字的颜色，同时产生文字图层。用户可以在任何时候编辑文字属性，例如字体、字型、字号、颜色等。

文字蒙版工具主要用于创建文字形状的选择区域。与使用其它选择工具建立的选择区域一样，可以被移动、拷贝、填充或描边等。

9.1.2 创建插入点文字

插入点文字主要用于少量文字的输入，一般都是一些标题性文字。输入插入点文字时，所有的字符都位于同一行中，即使超出了图像窗口的边界，也不会自动换行。

使用文字工具输入插入点文字的步骤如下：

(1) 选择工具箱中的“横排文字工具” T 或“直排文字工具” IT。

(2) 在工具选项栏中设置合适的字体、字号等选项(后续介绍各选项的作用)。

(3) 在图像窗口中单击鼠标，则出现插入点光标，此时输入所需的文字即可，如图 9-2 所示。

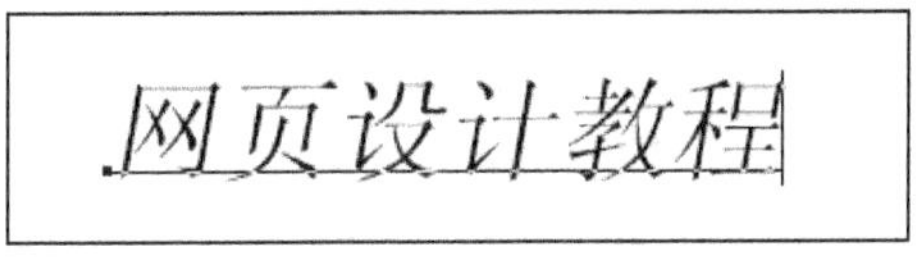

网页设计教程

图 9-2 输入的文字

(4) 按下 Enter 键可以换行输入文字。如果要结束文字的输入，单击工具选项栏中的 ✓ 按钮即可，也可以按下 Ctrl+Enter 键。

在输入文字的过程中，如果要调整文字的位置，可以将光标移离文字的基线，按住鼠标左键拖曳鼠标即可。如果按住 Ctrl 键的同时拖曳鼠标，则文字周围将出现变形框，这时可对文字进行变形处理。

9.1.3 创建段落文字

段落文字多用于描述性的文字，当文字的信息量比较大时，可以使用段落文字，它主要用于排版。在制作网页效果图时，将会大量运用段落文字。输入段落文字时将出现一个限定框，用户不但可以在限定框中输入文字，还可以同时对限定框进行旋转、缩放和斜切操作。创建段落文字的基本步骤如下：

(1) 选择工具箱中"横排文字工具"或"直排文字工具"。

(2) 在工具选项栏中设置字体、字号等选项。

(3) 将光标移至图像窗口中，沿对角线方向拖曳鼠标，定义段落文字的限定框。

选择文字工具后，按住 Alt 键的同时在图像窗口中单击鼠标，则弹出【段落文字大小】对话框，如图 9-3 所示，在该对话框中设置适当的参数，然后单击【确定】按钮，可以创建指定大小的限定框，这对于规范版面非常有意义。

(4) 在限定框中输入需要的文字，当文字到达限定框的右边界时将自动换行。如果要划分段落，可以按下 Enter 键。

(5) 在输入段落文字的过程中，可以拖曳限定框上的控制点，旋转、斜切、缩限定框，如图 9-4 所示。

图 9-3 【段落文字大小】对话框

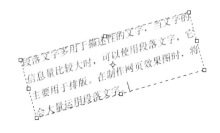

图 9-4 变形限定框

(6) 输入完文字以后，单击工具选项栏中右侧的 ✓ 按钮，结束输入操作。另外，也可以单击"移动工具"结束输入。

无论输入插入点文字还是段落文字，输入完成后在【图层】面板中都可以产生一个新图层，缩览图用字母"T"表示，图层名称就是输入的文字内容，这个图层就是文字图层，如图 9-5 所示。

图 9-5 【图层】面板

9.1.4 沿路径排列文字

在 Photoshop 中，文字可以沿路径绕排，既可以沿着开放路径绕排，也可以沿封闭路径绕排。另外，还可以在封闭路径的内部排列文字，这是一项非常实用的功能，它大大增强了 Photoshop 的排版功能。沿路径绕排文字的操作步骤如下：

(1) 首先在图像窗口中创建一个路径。

(2) 选择工具箱中的"横排文字工具"，将光标指向路径，则光标变为 工 形，如图 9-6 所示。

(3) 单击鼠标左键，则路径上出现了一个起点(×)、一个终点(○)和插入点光标。如果路径是封闭的，则起点和终点是重合的。

(4) 输入所需的文字，则文字沿路径排列，如图 9-7 所示。输入完成后单击工具选项栏中的 ✔ 按钮即可。

图 9-6 光标的形状   图 9-7 沿路径排列的文字

输入文字时，如果图像窗口中的路径是封闭的，将光标指向封闭路径的内部时光标将变成 工 形状，此时单击鼠标，可以在封闭路径内输入文字，如图 9-8 所示。

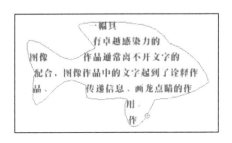

图 9-8 在路径内输入文本

注意

当沿路径创建文本后，【图层】面板中将产生一个新的文字图层，同时，【路径】面板中也会出现一个新路径。而图像窗口中的路径和文本是链接在一起的，移动路径或修改路径的形状时，文字会自动适应路径的变化。

9.2 【字符】和【段落】面板

【字符】面板和【段落】面板主要用于编辑与排版文本，【字符】面板用于格式化字符，如字体、字号、颜色等，而【段落】面板用于对文字的段落进行格式化设置。使用这两个面板可以方便地对正在输入或已经输入的文字进行编辑。

选择了文字工具后，单击选项栏中的 按钮，可以打开【字符】和【段落】面板，如图 9-9 所示。另外，单击菜单栏中的【窗口】/【字符】命令或【段落】命令，也可以打开【字符】和【段落】面板。

图 9-9　【字符】面板和【段落】面板

使用【字符】面板和【段落】面板可以对文字进行全面的格式化设置，另外，在工具选项栏中也可以完成大部分的格式化设置。

9.3　格式化文本

在图像窗口中输入文字以后会产生文字图层，它与普通图层一样，可以进行移动、拷贝、改变混合模式等，另外，还可以对文字进行格式化。

9.3.1　选择文本

在 Photoshop 中对文本进行格式化分两种情况：一是对文字图层中的局部文本进行格式化；二是对整个文字图层的文本进行格式化。第一种情况下必须先选择要格式化的文本，而第二种情况下只需选择要格式化的文字图层即可。选择文本的方法如下：

  ✧ 在【图层】面板中双击文字图层的缩览图，可以选择该文字图层中的所有字符。
  ✧ 选择文字工具后，在图像窗口中单击要编辑的文本将其激活，这时将出现插入点光标，单击菜单栏中的【选择】/【全选】命令，或者按下 Ctrl+A 键，也可以选择图层中的所有文本。
  ✧ 激活文本后，在要选择的文本上拖曳鼠标，可以将其选择，如图 9-10 所示。

在Photoshop中对文本进行格式化分两种情况：

图 9-10　拖曳鼠标选择文本

  ✧ 激活文本后，单击要选择字符的第一个字符，然后按住 Shift 键的同时单击另一个字符，可以选择两个字符之间的所有文本。

❖ 如果激活的是段落文字，双击鼠标可以选择一个分句或一个英文单词；三击鼠标可以选择一行；四击鼠标可以选择一段；五击鼠标可以选择整个段落文字。

9.3.2 设置字体、字号和颜色

选择不同的字体与字号，可以得到不同的艺术效果。字体和字号的设置既可以通过工具选项栏进行操作，也可以在【字符】面板中进行设置。设置字体、字号和颜色的基本操作步骤如下：

(1) 选择要格式化的文本。

(2) 在工具选项栏或【字符】面板的"字体"下拉列表中选择要使用的字体。

(3) 在工具选项栏或【字符】面板的"字号"下拉列表中选择要使用的字号，如图 9-11 所示。如果没有合适的字号，可以直接输入字号的大小。

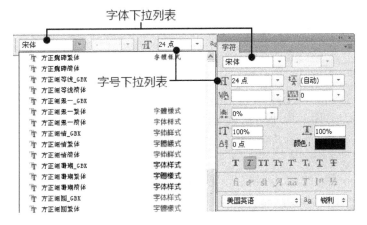

图 9-11 设置字体和字号

(4) 在工具选项栏或【字符】面板的"颜色"块上单击鼠标，如图 9-12 所示，在弹出的【拾色器】对话框中可以更改文字的颜色。

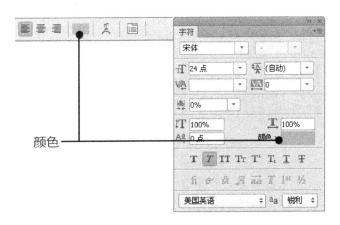

图 9-12 设置文字颜色

173

字体的艺术性与编排方式会影响到作品的整体意境，因此，选择合适的字体是非常重要的。由于默认条件下计算机中并没有提供过多的字体，只有 Windows 系统自带的一些字体，因此，如果需要使用一些艺术化的字体，要另行安装字库。如图 9-13 所示是几种艺术字体。

在 Windows 系统中，所有的字体安装在 C:\windows\Fonts 文件夹下，所以，要安装新字体，最简单的方法就是将字体文件复制到该文件夹下。

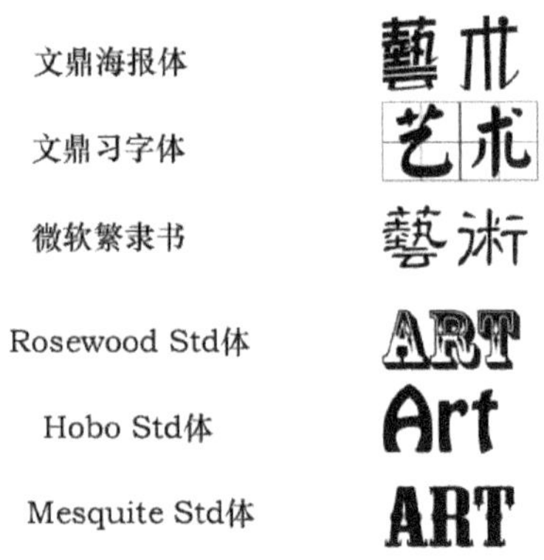

文鼎海报体
藝术
文鼎习字体
艺术
微软繁隶书
藝術
Rosewood Std体
ART
Hobo Std体
Art
Mesquite Std体
ART

图 9-13　几种艺术字体

9.3.3　设置行距和字距

行距与字距的设置非常重要，它直接影响版面的美观性。在 Photoshop 中输入的文字也可以设置行距和字距。

1. 设置行距

行距是指一行文字的基线到下一行文字的基线之间的垂直距离，行距的大小直接影响到文字排版的美观。特别是在网页设计中，行距的大小对于整个页面的舒适美观非常重要。

在 Photoshop 中，设置行距只能通过【字符】面板进行设置，如图 9-14 所示。

字符
宋体
24 点
(自动)
行距
0
0%
100%
100%
0 点
颜色：
美国英语
锐利

图 9-14　【字符】面板

改变行距时首先要选择多行文字，然后在【字符】面板的“行距”下拉列表中选择适当的值，也可以双击当前值后输入一个新行距值并按下 Enter 键确认。行距的单位与当前字号的单位一致。如图 9-15 所示为不同行距的文字排列效果。

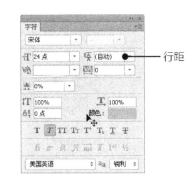

《小红火车大冒险》是一套故事书、知识读物、认知读物、益智游戏读物；是一套以读图为主，文字在其中起到穿针引线作用的图画书。作者用细致朴实的水彩画，讲述了在铁路时代变迁中，小红火车老而弥坚、勇于面对、勇于担当、努力进取的一个个充满温情的故事。
《小红火车大冒险》是一套故事书、知识读物、认知读物、益智游戏读物；是一套以读图为主，文字在其中起到穿针引线作用的图画书。作者用细致朴实的水彩画，讲述了在铁路时代变迁中，小红火车老而弥坚、勇于面对、勇于担当、努力进取的一个个充满温情的故事。

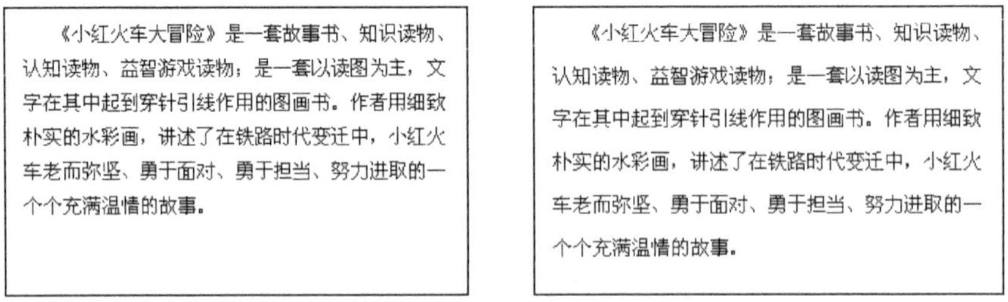

图 9-15　不同行距的文字排列效果

如果在“行距”下拉列表中选择了“自动”选项，则 Photoshop 将以文字大小的 175%作为行距，如果用户需要更改这个值，可以按如下方法操作：

(1) 单击【段落】面板右上角的三角形按钮，打开面板菜单，选择【对齐】命令，如图 9-16 所示。

　　(2) 在弹出的【对齐】对话框中，可以看到默认的行距、字距等，该格式将作用于所有新输入的文本，如图 9-17 所示。

图 9-16　选择【对齐】命令　　　　　　　　　　图 9-17　【对齐】对话框

　　(3) 在【自动行距】文本框中指定新的参数值，单击【确定】按钮，即可更改"自动"的默认值。

2．设置字距

　　字距是指相邻两个字符之间的距离。通过调整字距可以控制字符之间的间距，得到美观的效果。字距的设置也需要在【字符】面板中完成，如图 9-18 所示。

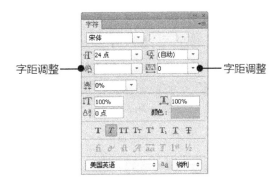

图 9-18　【字符】面板

　　"字距调整"选项用于控制整个文本中的所有字符之间的字距，而"字距微调"选项则用于控制当前插入点光标两侧字符之间的字距。可以这样理解："字距调整"用于整体控制，"字距微调"用于局部控制。如图 9-19 所示，上方为字距调整，下方为字距微调的效果。

图 9-19　文本字距效果

　　调整字距时要搞清楚是整体控制还是局部控制。如果要整体控制，只需要选择文字图层，在【字符】面板中改变"字距调整"选项的值即可；如果要局部控制，则需要在图像窗口中激活文本，将插入点光标定位在要调整的两个字符之间，然后在【字符】面板中改变"字距微调"选项的值。调整字距时，正值使字符分开(与默认间隔相加)，负值使字符靠拢(从默认间隔中减去)。

9.3.4 调整水平或垂直缩放

在【字符】面板中，"水平缩放"和"垂直缩放"选项可以控制文字在高度或宽度方向上的缩放比例，从而使文字发生比例变形，如图 9-20 所示。

图 9-20   【字符】面板

默认情况下，输入的文字呈正常显示，即不发生变形，"水平缩放"和"垂直缩放"的值均为 100%。改变"水平缩放"值时，文字将保持高度不变，对宽度进行缩放；改变"垂直缩放"值时，文字将保持宽度不变，对高度进行缩放。如图 9-21 所示为不同缩放比例的文字效果。

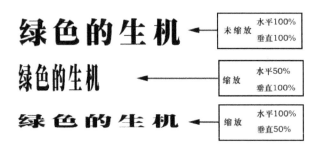

图 9-21   不同缩放比例的文字效果

9.3.5 指定基线偏移

基线偏移控制文字与基线的距离，它可以使选中的文字升高或降低。通过基线偏移和文字大小的设置，可以生成活泼的文字版式，也可以创建上标和下标效果，如图 9-22 所示，将一行文字中的不同字符设置了基线偏移。

清晨，我们背起行囊出发啦

图 9-22　设置了不同基线偏移后的文字效果

要指定基线偏移，需要先选择文字，然后在【字符】面板中拖曳"基线偏移"按钮或者在文本框中输入数值，如图 9-23 所示。正值使横排文字上移，使直排文字右移；负值使横排文字下移，使直排文字左移。

图 9-23　【字符】面板

9.3.6　消除锯齿

Photoshop 中的文字是使用 PostScript 信息从数学上定义的直线或曲线来表示的，文字的边缘会产生硬边和锯齿。为文字选择一种消除锯齿的方法后，Photoshop 会填充文字边缘的像素，使其混合到背景中，从而产生光滑的边缘。

通过文字工具选项栏、【文字】菜单和【字符】面板都可以为文字设置消除锯齿效果，如图 9-24 所示。

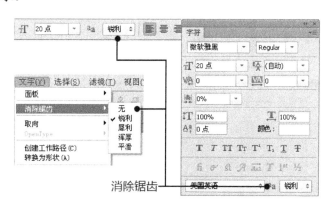

图 9-24　消除锯齿的方式

◇ 【无】：表示不进行消除锯齿处理，制作网页效果图时会选择这种方式，模拟网页浏览中的文字效果。

◇ 【锐利】：可以轻微地消除锯齿，文本效果显得比较锐利。

◇ 【犀利】：可以轻微地消除锯齿，但比锐利更强，所以文本边缘的平滑度更好一些。

◇ 【浑厚】：可以更大程度地消除锯齿，文本效果显得更粗重。

◇ 【平滑】：可以最大程度地消除锯齿，文本效果更平滑，制作平面广告作品时，一般会选择该选项。

如图 9-25 所示为不同的消除锯齿效果。

图 9-25 不同的消除锯齿效果

9.4 格式化段落

段落是以文字末尾的回车符作为标记的。对于插入点文字，每行即是一个单独的段落；对于段落文字，一个段落可能有多行。使用【段落】面板可以设置段落格式，如对齐、缩进和连字等。

9.4.1 行对齐

文本的对齐分为两种情况：一种是行对齐，一种是段落对齐。行对齐对插入点文字、段落文字都有效。在 Photoshop 中，在工具选项栏和【段落】面板中均可以设置行对齐，如图 9-26 所示。

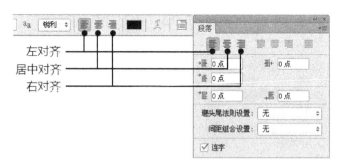

图 9-26 工具选项栏和【段落】面板

各选项按钮的作用如下：

◇ 左对齐：单击该按钮，则以文字左侧对齐，右侧参差不齐。

◇ 居中对齐：单击该按钮，则文字以中心为基准对齐，两侧参差不齐。

◇ 右对齐：单击该按钮，则以文字右侧对齐，左侧参差不齐。

如图 9-27 所示为文本在水平方向上的对齐效果。

You can select a rectangular region of the image by clicking and
dragging with the primary mouse button.
If the image is larger than the view area, you must hold down
<Shift> to make a selection.
Clicking inside the selection with the primary mouse button
will zoom the image so that the selection takes up the entire
available view area.
The selected region is then deselected.

左对齐

You can select a rectangular region of the image by clicking and
dragging with the primary mouse button.
If the image is larger than the view area, you must hold down
<Shift> to make a selection.
Clicking inside the selection with the primary mouse button
will zoom the image so that the selection takes up the entire
available view area.
The selected region is then deselected.

居中对齐

You can select a rectangular region of the image by clicking and
dragging with the primary mouse button.
If the image is larger than the view area, you must hold down
<Shift> to make a selection.
Clicking inside the selection with the primary mouse button
will zoom the image so that the selection takes up the entire
available view area.
The selected region is then deselected.

右对齐

图 9-27 文本在水平方向上的对齐效果

9.4.2 段落对齐

在【段落】面板中还可以设置段落对齐，该项功能用于调整文字，使其左、右边界均
对齐，同时影响段落中最后一行的对齐方式，如图 9-28 所示。这项功能对英文的效果非
常明显，但对于方块式汉字其效果不是很明显。

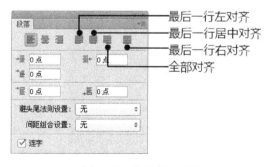

图 9-28 【段落】面板

各对齐按钮的作用如下：

◇ 最后一行左对齐：单击该按钮，除了最后一行左对齐之外，其它所有的行都两侧对齐。

◇ 最后一行居中对齐：单击该按钮，除了最后一行居中对齐之外，其它所有的行都两侧对齐。

◇ 最后一行右对齐：单击该按钮，除了最后一行右对齐之外，其它所有的行都两侧对齐。

◇ 全部对齐：单击该按钮，所有的行都两侧对齐。

需要注意的是，段落对齐选项只适用于段落文本。如图 9-29 所示是四种不同的文字对齐效果。

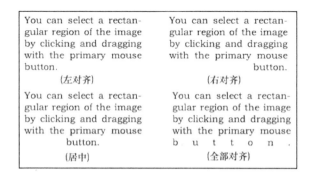

图 9-29　四种不同的文字对齐效果

9.4.3　段落缩进和段落间距

在 Photoshop 中，用户可以像在 Word 中工作一样，很方便地设置段落缩进和段落间距。段落缩进是指文字距限定框左边缘的间距量。缩进只影响选中的段落，因此，在 Photoshop 中可以很容易地为多个段落设置不同的缩进量。

缩进的类型包括左缩进、右缩进和首行缩进，如图 9-30 所示。首行缩进只影响选中段落的首行文字。

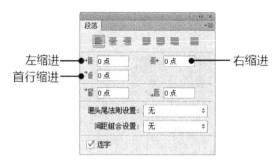

图 9-30　【段落】面板

在【段落】面板中拖曳缩进按钮或在文本框中输入数值，可以将选中的段落应用缩进。另外，为首行缩进输入一个负值，可以创建悬挂缩进效果。

在【段落】面板中，可以使用段落间距选项控制上、下段落之间距离。在"段前间距"和"段后间距"文本框中输入数值，可以调整段落之间的间距，如图 9-31 所示。

图 9-31　【段落】面板

【实例练习】完成网页效果图的制作

制作网页效果图时会使用大量的文字，这时要注意文字的外观必须表现出网页的效果，对于中文而言，大小为 12 磅或 14 磅的宋体非常适合。下面来完成这样一个网页效果图的制作。

(1) 单击菜单栏中的【文件】/【打开】命令，打开素材文件"tu9-1.jpg"，这是一幅未完成的网页效果图，如图 9-32 所示。

图 9-32　未完成的网页效果图

(2) 选择工具箱中的"横排文字工具" T ，在工具选项栏中的设置字体、大小与消除锯齿的方式，同时设置文字颜色为暗绿色(RGB：58、69、13)，如图 9-33 所示。

图 9-33　文字工具栏的参数(一)

(3) 在图像窗口单击鼠标，在网页的导航栏位置处输入"首页"、"论坛"、"日志"和

"联系",如图 9-34 所示,注意控制好文字的间距。

图 9-34 输入的文字

(4) 在图像窗口中第一幅图片的下方,拖曳鼠标创建一个文本限定框,这时在工具选项栏中设置参数,如图 9-35 所示。

图 9-35 文字工具栏的参数(二)

(5) 在文本限定框中输入相应的文字内容,如图 9-36 所示。

图 9-36 输入的文字效果

(6) 同样的方法,输入其它文字内容,从而完成网页效果图的制作,最终效果如图 9-37 所示。

图 9-37 最终的网页效果

9.5 文字变形

变形文字是 Photoshop 非常重要的一项功能，在平面设计中应用较多，而在网页设计中一般不使用变形文字功能。变形文字是将文字的外形修改成各种不同的形状，同时保持文字的所有属性。变形文字的基本操作步骤如下：

(1) 选择工具箱中的"横排文字工具"，在图像窗口中输入要变形的文字。

(2) 单击文字工具选项栏中的 按钮，则弹出【变形文字】对话框。

(3) 在【样式】下拉列表中选择所需的变形文字样式，如图 9-38 所示。

(4) 在对话框中设置【弯曲】、【水平扭曲】和【垂直扭曲】等选项的值，可以控制文字的变形效果。

(5) 单击【确定】按钮，则文字发生变形。

图 9-38 变形样式下拉列表

 对于选择已应用了变形的文字，在【变形文字】对话框的【样式】中选择"无"选项，可以取消文字变形。

变形文字只能应用到整个文字图层上，不能只对选中的字符应用变形。Photoshop 系统内置了 15 种变形样式，如图 9-39 所示。

图 9-39 系统内置的变形样式

9.6 文字图层的转换

在 Photoshop 中，用户可以使用【文字】菜单对文字图层进行各种转换操作，例如，段落文字和插入点文字之间的转换、将文字转换为形状等。通过转换操作，可以拓宽文字的可编辑性，使用户可以创造出更丰富的文字效果。

9.6.1　文字类型之间的转换

用户可以将插入点文字转换为段落文字，以便在限定框内调整字符的排列；也可以将段落文字转换为插入点文字，使各个文本行彼此独立地排列。

将段落文字转换为插入点文字时，每行文字的末尾(最后一行除外)都会添加一个回车符。将段落文字转换为插入点文字时，所有溢出限定框的字符都会被删除，因此，在转换前应先调整段落文字的限定框，使全部文字都显示出来。

在插入点文字与段落文字之间转换的具体步骤如下：

(1) 在【图层】面板中选择文字图层。

(2) 单击菜单栏中的【文字】/【转换为点文本】命令或【转换为段落文本】命令，可以完成两者之间的转换。如果是将段落文字转换为插入点文字，而段落文字中有溢出字符，则会出现一个提示对话框，如图 9-40 所示。

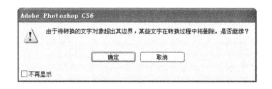

图 9-40　提示对话框

(3) 单击【确定】按钮即可完成转换。

9.6.2　将文字转换为形状

文字与形状看上去毫无关系，但实际上，文字可以转换为形状。转换为形状后的文字不再具有文字的属性，不能再通过【字符】面板设置文字的字体、字号、颜色等属性，但是可以象处理路径或形状一样对其进行修改与编辑，从而得到另类的文字效果。

在【图层】面板中选择文字图层后，单击菜单栏中的【文字】/【转换为形状】命令，可以将文字转换为形状。如图 9-41 所示是将文字转换为形状前、后的【图层】面板。

图 9-41　将文字转换为形状前、后的【图层】面板

9.6.3　基于文字创建路径

利用【文字】菜单还可以基于文字的轮廓创建一个工作路径，从而将字符作为矢量形

状处理。创建工作路径后，就可以象其它路径那样存储和编辑了。基于文字创建工作路径后，原文字图层仍然保持不变，但是在【路径】面板中可以产生工作路径。

基于文字创建工作路径的操作步骤如下：

(1) 在【图层】面板中选择文字图层。

(2) 单击菜单栏中的【文字】/【创建工作路径】命令，则【路径】面板中将出现工作路径，如图 9-42 所示。

图 9-42　基于文字创建工作路径

9.6.4　栅格化图层

Photoshop 中的一些命令和工具(如滤镜命令和绘画工具)不能应用于文字图层。要使用这些命令或工具，必须先栅格化文字图层。"栅格化"就是将文字图层转换为普通图层。将文字图层转换为普通图层后，文字将成为由像素组成的位图图像，不再具有文本的属性，用户不能再编辑文本内容与文本属性。

大部分情况下，如果对文字图层应用一些破坏性的工具或命令，例如滤镜，将弹出一个提示框，如图 9-43 所示。单击【确定】按钮，可以栅格化文字图层，否则不能应用该工具或命令。

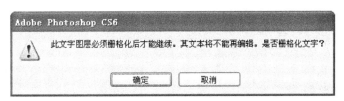

图 9-43　提示对话框

栅格化文字图层时，既可以在应用某些工具或命令的同时进行栅格化，也可以先栅格化文字图层。操作步骤如下：

(1) 在【图层】面板中选择文字图层。

(2) 单击菜单栏中的【文字】/【栅格化文字图层】命令即可。

 文字图层被栅格化后，原文字图层不再保留，无法再编辑文本的字体、字号等属性。因此，在栅格化文字图层前，先复制文字图层是比较安全的做法。

本 章 小 结

网页设计中的主要内容是文字，制作网页时虽然不会利用 Photoshop 来完成文字的编排，但是对于一些特殊的艺术文字，则需要使用 Photoshop 来完成，另外，在制作网页效果图时，需要使用文字来表现网页效果。通过本章的学习，读者应该做到：

◇　熟练使用文字工具输入插入点文字与段落文字。

◇　能够沿路径输入文字。

◇　了解【字符】和【段落】面板。

◇　掌握设置文字格式的方法。

◇　掌握设置段落格式的方法。

◇　了解文字变形功能。

◇　掌握文字与形状、路径之间的转换。

本 章 习 题

1．Photoshop 中的文字分为＿＿＿＿与＿＿＿＿，输入文字时，将自动产生一个＿＿＿＿图层。

2．文字工具包含两种类型：＿＿＿＿和＿＿＿＿。按照创建文字方向的不同又可分为＿＿＿＿和＿＿＿＿。

3．单击文字工具选项栏中的 按钮，可以打开【＿＿＿＿】面板和【＿＿＿＿】面板。

4．文本的对齐分为两种情况：一种是＿＿＿＿，一种是＿＿＿＿。

5．文字可以转换为＿＿＿＿和＿＿＿＿，但是不能逆转换。

6．下列不属于字符属性的是＿＿＿＿。

　　A．字体　　　　　B．大小　　　　　　C．对齐　　　　　D．颜色

7．以下操作不能结束文字输入的是＿＿＿＿。

　　A．Enter　　　　B．选择移动工具　　　C．Ctrl + Enter　　D．单击✓按钮

8．下列可以实现相互转换的是＿＿＿＿。

　　A．文字与选区　　　　　　　　　　　B．插入点文字与段落文字

　　C．文字与路径　　　　　　　　　　　D．文字与形状

9．下列说法错误的是＿＿＿＿。

　　A．文字可以沿着开放路径绕排

　　B．文字可以沿封闭路径绕排

　　C．文字可以在封闭路径的内部排列

　　D．文字只能沿着开放路径绕排

10．简述制作环形文字的方法。

11．简述【字符】面板与【段落】面板在排版方面的作用。

第 10 章 图像色彩的调整

本章目标

- 学会影调调整命令的基本使用方法
- 掌握【色彩平衡】命令的原理与使用
- 掌握【色相/饱和度】命令的原理与使用
- 掌握【可选颜色】命令的原理与使用
- 掌握【曲线】命令的原理与使用
- 掌握【照片滤镜】命令的原理与使用
- 了解特殊调整命令的作用与使用方法

10.1 影调调整命令

在网页制作过程中，有时会用到图像素材，但并不是所有的图像素材都恰好适合设计要求，因此，需要对图像进行影调与色调的调整。影调主要是指图像的明暗层次、虚实对比和色彩明暗等之间的关系。Photoshop 中提供了很多调整命令，用于控制图像的影调。

10.1.1 亮度和对比度

【亮度/对比度】命令属于一般的调整命令，它可以对图像色调范围进行调整，如果对图像的色彩质量要求不高，可以使用该命令调整图像整体的对比度和亮度。

单击菜单栏中的【图像】/【调整】/【亮度/对比度】命令，则弹出【亮度/对比度】对话框，如图 10-1 所示。

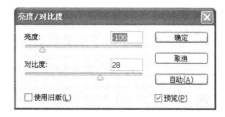

图 10-1 【亮度/对比度】对话框

- ◇ 【亮度】：向左拖动滑块可以降低亮度，向右拖动滑块可以增加亮度。
- ◇ 【对比度】：向左拖动滑块可以降低图像的对比度，向右拖动滑块可以增加图像的对比度。
- ◇ 【使用旧版】：选择该选项，可以得到与 Photoshop CS3 以前版本相同的调整效果，即进行线性调整。
- ◇ 单击 自动(A) 按钮，可以自动调整图像的亮度与对比度。

10.1.2 曝光度

曝光是胶卷或者数码感光部件(CCD 等)接受来自镜头的光线而形成影像的过程。如果照片中的景物过亮，而且亮的部分没有层次或细节，就是曝光过度(过曝)；反之，照片较黑暗，无法反映实际景物的细节，就是曝光不足(欠曝)。

Photoshop 中的【曝光度】命令就是根据这一原理设计的调整命令，该命令可以将拍摄中产生的曝光过度或曝光不足的图片处理成正常效果。

【曝光度】命令不但专门用于调整 HDR 图像的曝光度，还可以用于调整 8 位和 16 位的普通照片的曝光度。

打开一张曝光不足的照片，单击菜单栏中的【图像】/【调整】/【曝光度】命令，则弹出【曝光度】对话框，如图 10-2 所示。

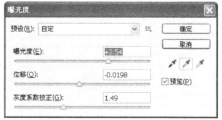

图 10-2 【曝光度】对话框

- ◇ 【预设】：可以选择系统预设的参数。
- ◇ 【曝光度】：用于改变图像的曝光程度。值越大，图像的曝光度也越大。对极限阴影的影响很轻微，对高光区域影响较大。

◇　【位移】：用于指定图像的曝光范围。可以使阴影和中间调变暗，对高光的影响很轻微。

◇　【灰度系数校正】：用于指定图像中的灰度程度，校正灰度系数。

◇　"吸管工具"：使用"设置黑场"吸管 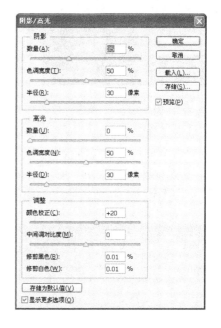 在图像中单击，可以使单击点的像素变为黑色；使用"设置灰场"吸管 在图像中单击，可以使单击点的像素变为中性灰色(R、G、B 值均为 128)；使用"设置白场"吸管 在图像中单击，可以使单击点的像素变为白色。

10.1.3　阴影/高光

【阴影/高光】命令适合于校正因背光太强而引起的图像主体过暗的图像，或者由于闪光灯过强造成曝光过度的图像。与【亮度/对比度】命令不同，【阴影/高光】命令不是提高或降低图像的整体亮度，它只是根据周围的像素调整暗调与高光区，以校正图片的缺陷。

单击菜单栏中的【图像】/【调整】/【阴影/高光】命令，可以打开【阴影/高光】对话框，如图 10-3 所示，在该对话框中调整参数可以改变图像的暗调区与高光区。

在默认情况下，【阴影/高光】对话框中的参数很少，只有阴影与高光的【数量】值，调整它们可以改善图像的阴影与高光区域。当选择【显示更多选项】选项时，可以显示更为详尽的控制参数，如图 10-4 所示。

图 10-3　【阴影/高光】对话框　　　图 10-4　扩展后的【阴影/高光】对话框

将对话框展开以后，可以看到有三组参数，即【阴影】组、【高光】组和【调整】组，其中【阴影】组与【高光】组的参数是一样的。这三组参数的含义如下：

◇ 【数量】：用于控制阴影变亮的程度或高光变暗的程度。

◇ 【色调宽度】：控制阴影(或高光)色调的修改范围。

◇ 【半径】：用于控制每个像素周围相邻像素的大小。

◇ 【颜色校正】：在已经更改的图像区域中微调颜色，防止出现饱和度过高的问题。

◇ 【中间调对比度】：用于调整图像的对比度。

◇ 【修剪黑色】/【修剪白色】：值越大，图像的对比度越大，它的作用是定义图像中最亮和最暗的像素。

📖 【实例练习】解决逆光照片的问题

在制作网页的过程中会用到大量的图像素材，而各式各样的图像素材并不一定恰好适合设计的需要，所以，首先必须进行前期的加工处理。例如，图像素材是在逆光条件下拍摄的，主体偏暗，这时就可以使用【阴影/高光】命令加以修正。

(1) 单击菜单栏中的【文件】/【打开】命令，打开素材文件"tu10-1.jpg"，这是一幅逆光下拍摄的照片，如图 10-5 所示。

(2) 单击菜单栏中的【图像】/【调整】/【阴影/高光】命令，可以打开【阴影/高光】对话框，分别设置阴影与高光的【数量】值，如图 10-6 所示。

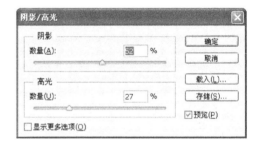

图 10-5　打开的图像　　　　　　　　　　图 10-6　【阴影/高光】对话框

(3) 单击【确定】按钮，则图像的暗部提亮，而高光压暗。

(4) 单击菜单栏中的【图像】/【调整】/【曝光度】命令，可以在打开的【曝光度】对话框中设置参数，如图 10-7 所示。

(5) 单击【确定】按钮，完成了图像的校正，图像效果如图 10-8 所示。

图 10-7　【曝光度】对话框　　　　　　　　图 10-8　图像效果

10.1.4　HDR 色调

HDR 是 High Dynamic Rang 的缩写，意思是高动态范围，本身是 CG 的概念，应用到图像上可以这样理解：图像的高光与阴影区域的细节都非常清晰，影调比较平均。实际上，【HDR 色调】命令是一个专门为摄影师设计的照片处理命令，它是与菜单栏中的【文件】/【自动】/【合并到 HDR Pro】命令结合使用的，通过合成三张或更多张曝光不同的照片，从而得到比普通照片更广泛的亮度和色彩范围。但是该命令也可以作用于单张照片，改善照片在影调方面的缺陷。

打开要调整的图像，然后单击菜单栏中的【图像】/【调整】/【HDR 色调】命令，则弹出【HDR 色调】对话框，如图 10-9 所示。

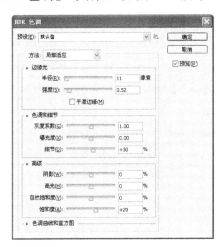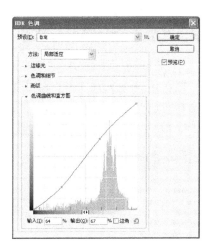

图 10-9　【HDR 色调】对话框

在该对话框中有四个选项组，并且可以折叠与展开，所以对话框的大小是可变的。下面解释一下各项参数的作用。

- ◆ 【半径】：用于控制边缘发光效果的大小。
- ◆ 【强度】：用于控制边缘发光效果的对比度。
- ◆ 【平滑边缘】：选择该选项，可以使边缘发光效果更加平滑。
- ◆ 【灰度系数】：用于控制高光与阴影的对比度。
- ◆ 【曝光度】：用于控制图像的整体亮度。
- ◆ 【细节】：用于控制图像的细节与层次是否清晰。
- ◆ 【阴影】：用于控制图像阴影部分的明暗。
- ◆ 【高光】：用于控制图像高光部分的明暗。
- ◆ 【自然饱和度】：用于调整图像的饱和度，但是效果更加柔和、自然。
- ◆ 【饱和度】：用于调整图像的饱和度。

📖【实例练习】体验 HDR 命令的使用

(1) 单击菜单栏中的【文件】/【打开】命令，打开素材文件 "tu10-2.jpg"，这是一幅

191

色彩比较灰暗的图像，如图 10-10 所示。

(2) 单击菜单栏中的【图像】/【调整】/【HDR 色调】命令，在打开的【HDR 色调】对话框中，分别设置【边缘光】与【色调和细节】选项组中的参数，如图 10-11 所示。

图 10-10　原始图像

图 10-11　设置 HDR 参数

(3) 在【HDR 色调】对话框中展开【高级】与【色调曲线和直方图】选项组，分别调整其中的参数，如图 10-12 所示。

(4) 单击【确定】按钮，则图像比原来更加清晰与鲜艳，如图 10-13 所示。

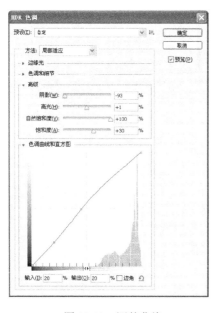

图 10-12　调整曲线

图 10-13　最终效果

10.1.5　色阶

【色阶】命令是一个功能比较强大的命令，既可以调整图像的影调，又可以调整图像的色调。但在实际工作中，大多数情况下是调整影调，即调整图像中色阶的亮度。

打开要调整的图像，然后单击菜单栏中的【图像】/【调整】/【色阶】命令，则弹出

【色阶】对话框，如图 10-14 所示。【色阶】对话框的中间是一个直方图，显示了图像的明暗分布状况，可以作为调整图像色调的直观参考。

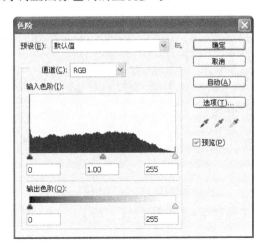

图 10-14　【色阶】对话框

- ◆ 【通道】：用于选择不同的通道。通常情况下，选择"RGB"(或"CMYK")通道可以调整色彩的明暗；选择各分色通道可以校正图像的色调。
- ◆ 【输入色阶】：用于设置图像的明暗值。其下方的三个文本框分别对应直方图下方的三个滑块：第一个文本框对应黑色滑块，其值表示图像中低于该亮度的所有像素将变为黑色；第三个文本框对应白色滑块，其值表示图像中高于该亮度的所有像素将变为白色；第二个文本框对应灰色滑块，其值表示图像的中间亮度值，当值大于 1 时将降低图像亮度，当值小于 1 时将增强图像的亮度。
- ◆ 【输出色阶】：用于控制图像的对比度。其下方的两个文本框分别对应亮度条下方的两个滑块，使用它们可以通过提高最暗像素的亮度或者降低最亮像素的亮度来缩减图像的亮度范围。

另外，在【色阶】对话框的右侧有三个吸管，从左到右依次为黑色吸管、灰色吸管和白色吸管。要使用某个吸管工具时，单击该工具使其凹陷下去即可。选择黑色吸管工具并在图像中单击鼠标，则图像中所有暗于单击像素的像素都将变为黑色；选择白色吸管工具并在图像中单击鼠标，则图像中所有亮于单击像素的像素都将变为白色；选择灰色吸管工具并在图像中单击鼠标，则图像中与单击像素处亮度相同的像素将变为中性灰，并相应调整其它色彩。

【实例练习】让灰蒙蒙的图片亮起来

在【色阶】对话框中，直方图反映了当前图像的色彩分布。在直方图中，如果峰形偏左，说明图像的暗区较多；如果峰形偏右，说明图像的亮区较多；如果峰形集中分布在中间，说明图像的中间色调较多，缺乏明显的对比。因此，使用【色阶】命令可以直接判断出图像的质量并进行调整。

(1) 单击菜单栏中的【文件】/【打开】命令，打开素材文件"tu10-3.jpg"，这张照片整个色调发灰，如图 10-15 所示。

图 10-15　原始图像

（2）单击菜单栏中的【图像】/【调整】/【色阶】命令，弹出【色阶】对话框，如图 10-16 所示。

（3）在对话框中将黑色滑块向右拖动，将白色滑块向左拖动，如图 10-17 所示，结果照片变得清晰起来。

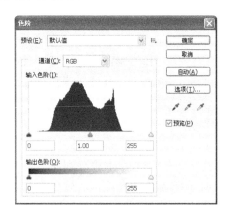

图 10-16　【色阶】对话框

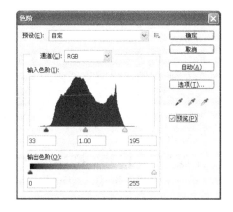

图 10-17　调整色阶滑块

（4）单击【确定】按钮，则得到了满意的图像效果，如图 10-18 所示。

图 10-18　最终效果

10.2　色调调整命令

一幅图像除了影调以外，还有色调的表达。作为专业的图像处理软件，Photoshop 提供了很多调色命令，下面学习一些重要的调色命令。

10.2.1　色彩平衡

【色彩平衡】命令通过调整图像中颜色的混合比例来校正图像的色偏现象，它只能对图像进行一般化的色彩校正，其调色原理是基于互补色进行的。在 HSB 颜色轮中，相对的颜色称为互补色，如图 10-19 所示，红色与青色是互补色，黄色与蓝色是互补色，绿色与洋红色是互补色。

单击菜单栏中的【图像】/【调整】/【色彩平衡】命令，或者按下 Ctrl+B 键，可以打开【色彩平衡】对话框，如图 10-20 所示。从该对话框中的参数可以看出，它是基于互补色之间的相互补偿来完成颜色调整的，它将图像分为阴影、中间调、高光三个区域，可以分别对它们进行调整，以改变图像的色彩倾向。

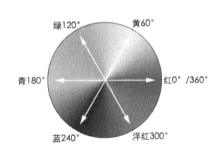

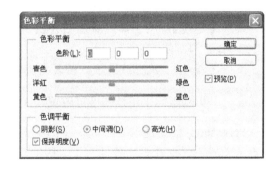

图 10-19　HSB 颜色轮　　　　　　　　　　图 10-20　【色彩平衡】对话框

◇　【色阶】：其右则的文本框与下方的三个滑块相对应，用于调整图像的色彩，但一般不通过设置数值来调整，而是通过拖动滑块来调整。

◇　【阴影】、【中间调】和【高光】：用于控制不同的色调范围。

◇　【保持明度】：选择该复选框，可以保证调整图像色彩时图像亮度不受影响，一般情况下都要选择该选项。

10.2.2　色相/饱和度

在 Photoshop 中，【色相/饱和度】命令是基于 HSB 模式进行调色的工具。HSB 模式是基于人的视觉建立的一种色彩模式，它将颜色分为色相、饱和度、明度三个基本属性，通过这三个基本属性来描述颜色。【色相/饱和度】命令以色相、饱和度和明度为基础，对图像进行色彩校正，它既可以作用于整幅图像，也可以作用于图像中的单一颜色通道。另外，还可以对图像进行着色处理。

单击菜单栏中的【图像】/【调整】/【色相/饱和度】命令，则弹出【色相/饱和度】对话框，如图 10-21 所示。

图 10-21　【色相/饱和度】对话框

◆ "编辑"：选择"全图"选项，可以一次调整所有颜色，也可以选择系统预设的单色进行调整。

◆ 【色相】：用于设置色相值。

◆ 【饱和度】：用于调整颜色的饱和度。向右拖动滑块可以增加饱和度，向左拖动滑块可以减少饱和度。

◆ 【明度】：用于调整颜色的亮度。向右拖动滑块可以增加亮度，向左拖动滑块可以减少亮度。

◆ 【着色】：选择该选项，可以为灰度图进行单色调着色。

【实例练习】将秋景变成春景

Photoshop 的功能非常强大，在图像调色方面，完全可以把一幅表现秋色的图像转换为春天的景色，这让设计者拥有了无限的创意，只有想不到的，没有做不到的。下面就做这样一个练习。

(1) 单击菜单栏中的【文件】/【打开】命令，打开素材文件"tu10-4.jpg"，这是一张秋景照片，下面将橘黄色的树叶调为绿色，如图 10-22 所示。

图 10-22　原始图像

(2) 单击菜单栏中的【图像】/【调整】/【色相/饱和度】命令，或者按下 Ctrl+U 键，打开【色相/饱和度】对话框，在"编辑"下拉列表中选择"红色"，并设置【色相】为86，【饱和度】为–49，如图 10-23 所示。

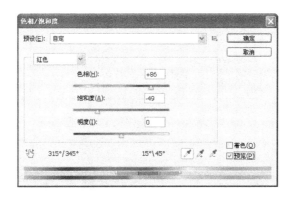

图 10-23　设置红色参数

(3) 在【色相/饱和度】对话框的"编辑"下拉列表中再选择"黄色"，并设置【色相】值为 17，【饱和度】为–10，如图 10-24 所示。

图 10-24　设置黄色参数

(4) 单击【确定】按钮，则秋景神奇地变成了春景，如图 10-25 所示。

图 10-25　最终效果

(5) 单击菜单栏中的【图像】/【调整】/【色彩平衡】命令，在打开的【色彩平衡】对话框中选择【阴影】选项，并设置参数如图 10-26 所示。

图 10-26　【色彩平衡】对话框

(6) 单击【确定】按钮，为暗部增加一点暖调，最终结果如图 10-27 所示。

图 10-27　最终效果

在 Photoshop 中使用调整命令时有两种方法：一是通过【图像】/【调整】菜单；二是通过【图层】面板。两者区别如下：(1)通过【调整】菜单执行调色命令时，它是破坏性操作，只对当前图层有效；(2)通过【图层】面板执行调色命令时，产生调整图层，是非破坏性操作，它对调整图层下方的所有图层都有效，另外，这种方式更便于配合使用图层的混合模式、不透明度。

10.2.3　可选颜色

在 Photoshop 中，每一个调色命令都是基于一定的原理而设置的。【可选颜色】命令是 Photoshop 中惟一基于 CMYK 模式进行调色的调整命令，它在印刷行业中应用最广泛。它可以调整红、绿、蓝、青、洋红、黄、黑、白、灰九种基本色，其中前六种控制图像的颜色变化，后三种可以控制图像的亮度、对比度以及整体色彩倾向。【可选颜色】命令是 Photoshop 中非常重要的调色命令，因为它是基于印刷油墨调色原理而设置的。使用该命令时，必须懂得颜色的混合。

初学者对【可选颜色】命令的调色原理不太容易掌握。使用该命令时，对于选择青色、洋红、黄色时，相对容易理解，也容易调整；而对于选择红色、绿色、蓝色时，则需要正确理解 RGB 模式与 CMYK 模式之间的关系，才能有效地、有目的地调整各选项。如图 10-28 所示，左图为 RGB 模式原理图，右图为 CMYK 模式原理图。

图 10-28　RGB 模式与 CMYK 模式的原理图

其中最根本的是：两个加色相加得一个减色，两个减色相加得一个加色。例如，在【颜色】选项中选择"红色"，这时加青色变黑色，因为它们是互补色，相互吸收；而减洋红色会变成黄色，因为红色=洋红+黄色，减洋红色自然会使黄色相对变多，加洋红色则无变化。对于黄色的调整，同样是这个道理。

打开一幅图像，单击菜单栏中的【图像】/【调整】/【可选颜色】命令，则弹出【可选颜色】对话框，如图 10-29 所示。

图 10-29　【可选颜色】对话框

◇　【颜色】：用于选择要编辑的颜色。

◇　分别拖动对话框中的滑块，可以校正所选择的颜色。

◇　选择【相对】选项，表示按照相对百分比调整颜色。例如，选定的颜色中原先含有 50%的洋红，现在添加 10%，得到的结果是 55%的洋红；选择【绝对】选项，表示按照绝对百分比调整颜色。例如，选定的颜色中原先含有50%的洋红，现在添加 10%，则结果是 60%的洋红。

📖【实例练习】让图像的颜色更鲜艳

在制作网页时，如果图像素材来源于拍摄，很可能图像的颜色并不如意。例如，图像看上去灰灰的，花不红、草不绿、天不蓝，这时使用 Photoshop 可以轻而易举地让照片靓丽起来。

(1) 单击菜单栏中的【文件】/【打开】命令，打开素材文件"tu10-5.jpg"，如图10-30 所示。

图 10-30　原始图像

(2) 单击菜单栏中的【图层】/【新建调整图层】/【可选颜色】命令，打开【属性】面板，在【颜色】下拉列表中分别选择"黄色"、"绿色"和"青色"，设置各项参数如图 10-31 所示。

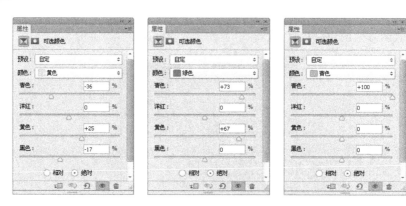

图 10-31　调整"黄色"、"绿色"和"青色"的参数

(3) 继续在【属性】对话框的【颜色】下拉列表中选择"蓝色"、"中性色"和"黑色"，设置各项参数如图 10-32 所示，改变颜色的分配比例。

图 10-32　调整"蓝色"、"中性色"和"黑色"的参数

(4) 按下 Ctrl+J 键，将调整图层再复制一层，如图 10-33 所示，进一步加强图像颜色的鲜艳度，结果如图 10-34 所示。

图 10-33　【图层】面板　　　　　　　　　　　图 10-34　最终效果

10.2.4　照片滤镜

【照片滤镜】命令模仿在传统相机镜头前放置一个滤色片，从而达到调整照片色彩的目的。用户既可以在预设的颜色中选择一种来调整照片，也可以通过拾色器自行指定颜色。单击菜单栏中的【图像】/【调整】/【照片滤镜】命令，打开【照片滤镜】对话框，如图 10-35 所示。

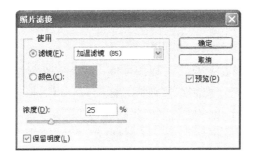

图 10-35　【照片滤镜】对话框

◇　【滤镜】：用于选择系统预设的滤镜片。

◇　【颜色】：用于自定义滤镜片的颜色。

◇　【浓度】：用于调整应用于图像的颜色数量。

◇　【保留明度】：选择该选项，可以确保图像亮度不变。

10.2.5　曲线

【曲线】命令是 Photoshop 中功能最强大的调整命令，它与【色阶】命令相结合，几乎可以完成所有的调色任务。一幅图像划分为 256 个亮度级别，而【曲线】命令最多可以添加 14 个控制点，可以调整任意的色调区域来改变颜色强度。它不仅可以调整图像的影调，还可以精确地对图像中的颜色进行调整，创建特殊的图像效果等。

打开一幅图像，单击菜单栏中的【图像】/【调整】/【曲线】命令，则弹出【曲线】对话框，如图 10-36 所示。

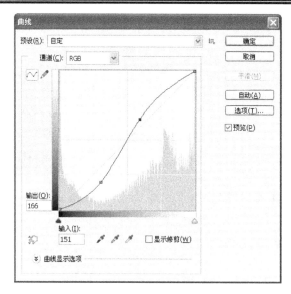

图 10-36 【曲线】对话框

【曲线】对话框的中间是一个直方图与一条 45°角的直线(即曲线)，用户通过在曲线上添加控制点并移动其位置，可以改变图像的影调或色调。

注 意

对于 RGB 图像，曲线显示 0～255 之间的亮度值，暗调(0)位于左边。对于 CMYK 图像，曲线显示 0～100 之间的百分数，高光(0)位于左边。

在对话框中的曲线上单击鼠标，可以向曲线上添加一个控制点，最多可以在曲线上添加 14 个控制点。如果要删除控制点，则将光标指向该点后按住鼠标左键将其拖出曲线图以外即可，也可以按住 Ctrl 键的同时单击要删除的控制点。按住 Shift 键的同时单击曲线上的控制点，可以选择多个控制点。按下 Ctrl+D 键可以取消控制点的选择。

使用【曲线】命令时有几种比较典型的曲线形态，下面通过图例的方式介绍各种曲线的形态与作用。

(1) S 型，增加图像的对比度；反 S 型，降低图像的对比度，如图 10-37 所示。

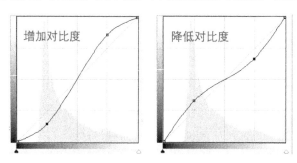

图 10-37 S 型与反 S 型

(2) 反 Z 型，重定图像的黑场与白场，增强对比度；转 Z 型，重定图像的黑场与白场，降低对比度，如图 10-38 所示。

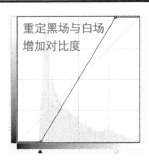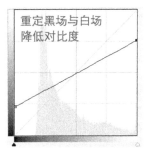

图 10-38　反 Z 型与转 Z 型

(3) 其它型，黑场控制点调到最高点，白场控制点调到最低点，则图像反相；黑、白场控制点在一条垂直线上，则图像色调分离，如图 10-39 所示。

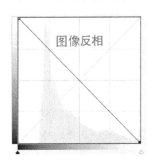

图 10-39　其它型

【实例练习】让图片更有意境

下面通过练习进一步理解曲线的强大功能。本例中的图像是一幅逆光下的狗尾巴草，平淡无奇。接下来利用【曲线】命令强化夕阳效果，增加照片的意境。

(1) 单击菜单栏中的【文件】/【打开】命令，打开素材文件"tu10-6.jpg"，这是一幅傍晚时拍摄的逆光照片，如图 10-40 所示。

图 10-40　原始图像

(2) 按下 F7 键打开【图层】面板，然后按下 Ctrl+J 键复制"背景"图层，得到"图层 1"，设置"图层 1"的混合模式为"柔光"，提高照片的对比度，如图 10-41 所示。

203

(3) 单击菜单栏中的【图层】/【建新调整图层】/【曲线】命令，创建一个曲线调整图层，在打开的【属性】面板中选择 "RGB" 通道，将阴影控制点向右拖动，如图 10-42 所示，这时照片的暗部区域更暗一些。

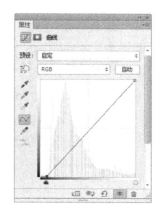

图 10-41　【图层】面板　　　　　　　　　图 10-42　调整曲线

注意　　　在这一步骤中主要是完成了图像的去灰。对于处理图像来说，合理运用图层的混合模式是非常重要的，它可以快速解决图像过暗、过亮或发灰等问题，而且简单、易用。其中，"滤色"模式可以将过暗的图像提亮；"正片叠底"模式可以将过亮的图像压暗；"柔光"或"叠加"模式可以去灰，提高图像的对比度。

(4) 在【属性】面板中选择 "红" 通道，在曲线的中间位置单击鼠标，添加一个控制点，然后将曲线向上调整，如图 10-43 所示，则为照片增加了少许的红色，结果如图 10-44 所示。

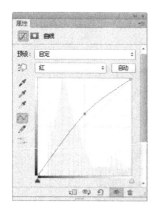

图 10-43　调整 "红" 通道　　　　　　　　图 10-44　图像效果

(5) 在【属性】面板中选择 "蓝" 通道，在曲线的中间位置添加一个控制点，并向下调整，如图 10-45 所示，则为照片增加了少许的黄色，这时照片就表现出了暖暖的夕阳效果，如图 10-46 所示。

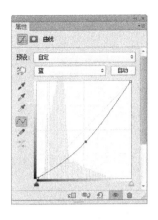

图 10-45　调整"蓝"通道　　　　　　　　图 10-46　最终效果

10.3　特殊调整命令

特殊调整命令包括【颜色查找】、【去色】、【反相】、【色调分离】和【阈值】命令。它们也可以更改图像中的颜色和亮度值，但通常用于增强颜色或产生特殊效果，而不用于校正颜色。

10.3.1　颜色查找

【颜色查找】命令是 Photoshop CS6 的新增功能，主要作用是对图像色彩进行快速校正。校正的方法有 3DLUT 文件、摘要和设备链接。使用该命令可以实现一些特殊的照片效果，实现一键美图。

打开一幅图像，单击菜单栏中的【图像】/【调整】/【颜色查找】命令，则弹出【颜色查找】对话框，如图 10-47 所示，在【3DLUT 文件】、【摘要】或【设备链接】下拉列表中选择一个选项，即可得到相应的效果。

图 10-47　【颜色查找】对话框

10.3.2　去色

【去色】命令可以去掉 RGB 模式或 CMYK 模式图像中的所有颜色，使其看起来像是

205

灰度图像，但实际上并没有进行颜色模式的转换。例如，对 RGB 模式的图像应用【去色】命令，只是给 RGB 图像中的每个像素指定相等的红色、绿色和蓝色值，使图像表现为灰色，但每个像素的明度值不改变。如果要对图像进行去色，单击菜单栏中的【图像】/【调整】/【去色】命令，或者按下 Ctrl+Shift+U 键即可。

10.3.3 反相

【反相】命令可以将图像中的每一种颜色转换成完全相反的颜色，就像照片的负片一样，如图 10-48 所示为应用该命令前、后的图像效果对比。

图 10-48　应用【反相】命令前、后的图像效果对比

如果要对图像应用【反相】命令，可以单击菜单栏中的【图像】/【调整】/【反相】命令，或者按下 Ctrl+I 键。

10.3.4 色调分离

【色调分离】命令允许用户指定图像中每个通道的色调级(或亮度值)的数目，然后将像素映射为最接近的匹配色调，如图 10-49 所示。例如，在 RGB 图像中选取两个色调级可以产生六种颜色：两种红色、两种绿色、两种蓝色。

图 10-49　使用【色调分离】命令前、后的图像效果

如果要对图像进行色调分离，可以单击菜单栏中的【图像】/【调整】/【色调分离】命令，打开【色调分离】对话框，如图 10-50 所示，在对话框中输入【色阶】数值，单击【确定】按钮即可完成图像的色调分离。

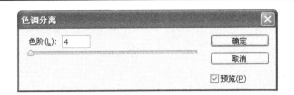

图 10-50 【色调分离】对话框

10.3.5 阈值

使用该命令可以将灰度或彩色图像转换为高对比度的黑白图像。用户可以将一定的色阶指定为阈值,则所有比该阈值亮的像素将被转换为白色,所有比该阈值暗的像素将被转换为黑色。

打开一幅图像,单击菜单栏中的【图像】/【调整】/【阈值】命令,打开【阈值】对话框,如图 10-51 所示。

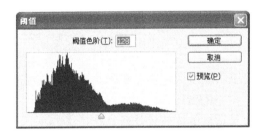

图 10-51 【阈值】对话框

该对话框中显示了当前图像的直方图。拖动直方图下方的滑块,或者在文本框中输入数值,可以设置阈值,从而得到黑白图像效果。如图 10-52 所示为使用【阈值】命令前、后的图像效果。

图 10-52 使用【阈值】命令前、后的图像效果

本 章 小 结

现实工作中的图像不可能总是十分完美的,包括使用数码相机拍摄或通过扫描仪扫描的都有可能会有缺陷。例如,在一个阴暗多雾的天气下拍摄沙滩的照片,无论是在颜色表现上,还是在色阶表现上都会出现偏差。而通过 Photoshop 的图像调整命令可以使它变得

十分完美，从而满足网页设计的需要。相信通过本章的学习，读者可以做到：

◇ 掌握影调调整命令的使用。

◇ 掌握色调调整命令的使用。

◇ 学会特殊调整命令的使用。

◇ 能够使用相应的命令对图像进行调整，得到所需要的效果。

本 章 习 题

1．在【色阶】对话框中，_____反映了当前图像的色彩分布状态。

2．单击菜单栏中的【图像】/【调整】/【去色】命令或者按下_____键可以对图像进行去色处理。

3．HDR 是 High Dynamic Rang 的缩写，意思是_____。

4．HSB 模式是基于建立的一种色彩模式，它将颜色分为_____、_____与_____三个基本属性。

5．下列命令中，_____命令适合校正因背光太强而引起的图像主体过暗的图像。

    A. 色彩平衡   B. 色调分离

    C. 阴影/高光   D. 颜色查找

6．使用_____命令可以将灰度或彩色图像转换为高对比度的黑白图像。

    A. 阈值   B. 去色   C. 色阶   D. 反相

7．打开【色彩平衡】对话框的快捷键是_____。

    A. Shift+B   B. Ctrl + B   C. Ctrl + M   D. Ctrl + U

8．请将下列调整命令与快捷键进行连线。

    色阶   Ctrl + U

    曲线   Ctrl + B

    色彩平衡   Shift + Ctrl + U

    色相/饱和度   Ctrl + I

    反相   Ctrl + M

    去色   Ctrl + L

9．简述【曲线】命令的作用与用法。

10．简述【可选颜色】命令的原理与用法。

第11章 网页动画与切片输出

本章目标

- 学会对图像进行切片以及设置切片选项
- 掌握 Web 图像的优化方法与输出设置
- 了解 Photoshop 中的动画功能
- 学会制作 GIF 动画的方法
- 掌握 GIF 动画的优化与输出

11.1 创建与编辑切片

在制作网页时，通常要对页面进行分割，即制作切片。通过优化切片可以对图像进行不同程度的压缩，以减少图像的下载时间。另外，还可以为切片制作动画，创建超链接或者制作翻转按钮。

11.1.1 切片的类型

在 Photoshop 中对图像进行切片分为两种情况：一是图片尺寸较大，如果整体放在网页中，下载时间就比较长。为了加快网页的下载速度，可以把大图片分成若干个小图片，然后再将这些小图片重新组合在一起；二是在 Photoshop 制作了网页效果图，在编辑网页时，需要将背景或者局部效果进行切片。

在 Photoshop 中，使用切片工具创建的切片称为用户切片；基于图层创建的切片称为基于图层的切片。当创建用户切片或基于图层的切片时，Photoshop 将自动生成占据图像其余区域的附加切片，称为自动切片。换句话说，自动切片填充图像中用户切片或基于图层的切片未定义的空间。每次创建用户切片或基于图层的切片时，都会重新生成自动切片。用户可以将自动切片转换为用户切片。

用户切片、基于图层的切片和自动切片的外观不同。用户切片和基于图层的切片由实线定义，带蓝色标记；而自动切片由虚线定义，带灰色标记，如图 11-1 所示。

图 11-1　切片的类型

对图像切片时，切片从左上角开始，从左到右、从上到下进行编号，更改切片的排列或数量时，切片编号将自动更新。

11.1.2 创建切片

在 Photoshop 中，对于用户切片来说，可以使用切片工具创建，还可以基于参考线或图层创建，但是对于自动切片来说，它是自动生成的。

1. 使用切片工具创建切片

使用切片工具创建切片的步骤如下：

(1) 选择工具箱中的"切片工具" 。

(2) 在其工具选项栏中选择创建切片的【样式】，其中包括有"正常"、"固定长宽比"和"固定大小"。

> 该选项的作用与矩形选框工具的【样式】选项作用相同，选择"固定长宽比"和"固定大小"时，要在【宽度】和【高度】文本框中输入数值。例如，选择固定长宽比，并在【宽度】和【高度】中都输入 1，则可以创建正方形的切片。

(3) 在图像窗口中拖曳鼠标，这时会出现一个矩形框，如图 11-2 所示，按住空格键可以移动其位置。释放鼠标后即可创建切片，切片以外的部分会生成自动切片，如图 11-3 所示。如果按住 Shift 键拖曳鼠标，则可以创建正方形切片。

图 11-2　创建切片的过程

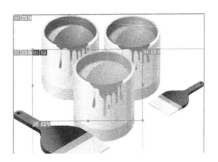

图 11-3　创建的切片

2. 基于参考线创建切片

当在图像窗口中创建了参考线以后，Photoshop 允许基于参考线创建切片，具体操作方法如下：

(1) 打开图像素材以后，按下 Ctrl+R 键打开标尺。

(2) 分别从水平标尺与垂直标尺上拖出参考线，定义切片的范围，如图 11-4 所示。

(3) 选择工具箱中的"切片工具"，在其工具选项栏中单击"基于参考线的切片"按钮，结果以参考线为依据创建切片，如图 11-5 所示。

图 11-4　创建参考线

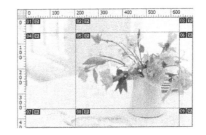

图 11-5　创建的切片

3. 基于图层创建切片

如果要基于图层创建切片，可以单击菜单栏中的【图层】/【新建基于图层的切片】命令，这时可以基于当前图层中的图像大小创建切片。

(1) 创建或打开一幅图像素材，如图 11-6 所示，其中有一个独立的图层并有图像内容。

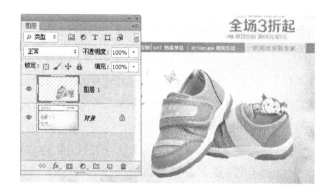

图 11-6　素材图像

(2) 单击菜单栏中的【图层】/【新建基于图层的切片】命令，基于图层创建切片，切片将包含该图层中所有的像素，如图 11-7 所示。

图 11-7　基于图层创建的切片

(3) 当移动图层中的图像时，切片也会随之移动，如图 11-8 所示。另外，编辑该图层时，切片也会发生变化，如缩放图像、绘制图像时。

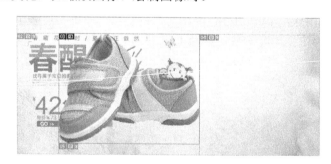

图 11-8　编辑图像时切片随之变化

11.1.3　编辑切片

创建切片以后，还可以根据设计的需求对切片进行编辑，如选择、移动、划分、组合或删除等。

1．选择、移动与调整切片

创建切片以后，如果要对切片进行编辑，必须先选择切片。在 Photoshop 中，选择切片必须使用"切片选择工具" 。

(1) 打开一幅图像素材，使用切片工具任意创建几个切片。

(2) 选择工具箱中的"切片选择工具" ，单击要选择的切片即可将其选择，被选中的切片周围呈现黄色的线框，如图 11-9 所示。

(3) 如果要选择多个切片，可以按住 Shift 键，并单击其它切片，这样就可以同时选择多个切片，如图 11-10 所示。

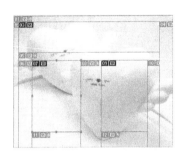 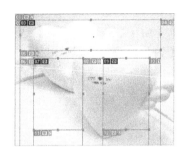

图 11-9　选择切片　　　　　　　　　　图 11-10　选择多个切片

(4) 将光标指向切片，按住鼠标左键拖曳鼠标，可以移动切片，如图 11-11 所示。按住 Shift 键移动切片时，可以限定在水平、垂直或 45°角的方向上。

(5) 被选中的切片四周有 8 个控制点，将光标置于控制点上，按下鼠标左键拖曳鼠标，可以调整切片的大小，如图 11-12 所示。

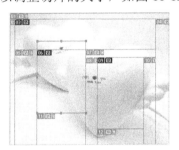 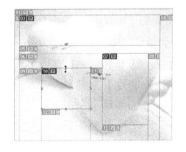

图 11-11　移动切片　　　　　　　　　　图 11-12　调整切片的大小

2．组合与删除切片

对于已经创建好的切片，还可以对切片进行组合或者删除，以便于改变切片的布局。这项操作非常简单，现在分别进行介绍。

使用"切片选择工具"选择两个或更多的切片，然后单击鼠标右键，在弹出的菜单中选择【组合切片】命令，如图 11-13 所示，可以将选择的切片组合为一个切片，如图 11-14 所示。

如果要删除切片，可以选择一个或多个切片，按下 Delete 键即可。如果要删除所有切片和基于图层创建的切片，可以单击菜单栏中的【视图】/【清除切片】命令。

图 11-13　选择【组合切片】命令

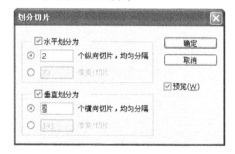

图 11-14　组合切片

3. 划分切片

划分切片是指对选中的切片再进行精确的细分，既可以进行等分，也可以进行精确像素的设置。使用【切片选择工具】选择一个要划分的切片，如图 11-15 所示，在工具选项栏中单击【划分】按钮，则弹出【划分切片】对话框，如图 11-16 所示。

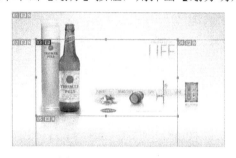

图 11-15　选择要划分的切片

图 11-16　【划分切片】对话框

在【划分切片】对话框中，勾选【水平划分为】选项，可以在高度方向上划分切片，包含两种划分方式，选择"个纵向切片，均匀分隔"，可以输入切片的划分数目；选择"像素/切片"，可以输入一个数值，基于指定的像素数划分切片。如果按像素数无法平均划分切片，则剩余部分划分为另一个切片。例如，将 100 像素划分为 30 像素宽的切片，则会生成 3 个等宽的切片，同时剩余的 10 像素自动变成一个新的切片。

在【划分切片】对话框中，勾选【垂直划分为】选项，可以在宽度方向上划分切片。同样，它也包含两种划分方式，操作方法完全一样。

另外，勾选【预览】选项，可以在图像窗口中看到切片的划分效果。

如图 11-17 所示为选择"个纵向切片，均匀分隔"后，设置数值为 3 的划分结果；如图 11-18 所示为选择"像素/切片"后，输入 40 像素的划分结果。

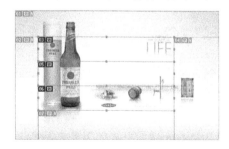

图 11-17　均匀分隔的效果

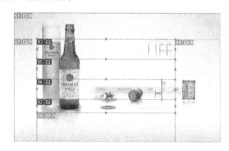

图 11-18　指定像素值的效果

4．转换为用户切片

当使用切片工具创建切片或者基于图层创建切片以后，Photoshop 将产生一些自动切片。如果要将自动切片转换为用户切片，可以选择自动切片，这时自动切片周围出现黄色边框，但是没有控制点，如图 11-19 所示。在工具选项栏中单击"提升" 提升 按钮，就可以转换为用户切片，这时周围出现带控制点的黄色边框，如图 11-20 所示。

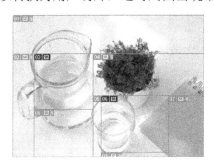

图 11-19　选择自动切片　　　　　图 11-20　转换为用户切片

11.1.4　设置切片选项

选择切片以后，可以为切片创建超链接，而这项设置需要在【切片选项】对话框中完成。使用"切片选择工具"双击切片，或者选择切片后，单击工具选项栏中的 📄 按钮，则弹出【切片选项】对话框，如图 11-21 所示。

图 11-21　【切片选项】对话框

◇ 【切片类型】：可以选择要输出的切片类型，即设定与 HTML 文档一起导出时，切片数据在 Web 浏览器中的显示方式。选择"图像"时，切片为图像数据；选择"无图像"时，切片处将在 HTML 文档中显示文本，不能导出图像；选择"表"时，导入切片时将作为嵌套表写入到 HTML 文档中。

◇ 【名称】：用于输入切片的名称。

◇ 【URL】：用于输入切片链接的 Web 地址，在浏览器中单击切片图像时，可以跳转到目标网址。

◇ 【目标】：用于设置打开网页的方式。与 Dreamweaver 相同，共有 4 种方式，分别是_blank、_self、_parent、_top。

❖ 【信息文本】：在这里输入文本信息，该信息将出现在浏览器的状态栏上。

❖ 【Alt 标记】：用于指定切片的文字标记，在这里输入的文字，当浏览网页时，将光标指向切片，将显示这些文字。

❖ 【尺寸】：用于精确地设置切片的大小与位置。

❖ 【切片背景类型】：可以选择一种背景色来填充透明区域(适用于"图像"切片)或整个区域(适用于"无图像"切片)。

11.2 图像的优化与输出

用户在浏览网页时，网页显示的速度和网页文件的大小、网络带宽等都有关系，因此图像切片不宜太大，通常要进行优化，在图像品质和图像文件大小之间加以平衡。

11.2.1 图像的优化

单击菜单栏中的【文件】/【存储为 Web 所用格式】命令，打开【存储为 Web 所用格式】对话框，如图 11-22 所示，在该对话框中可以对图像进行优化和输出。

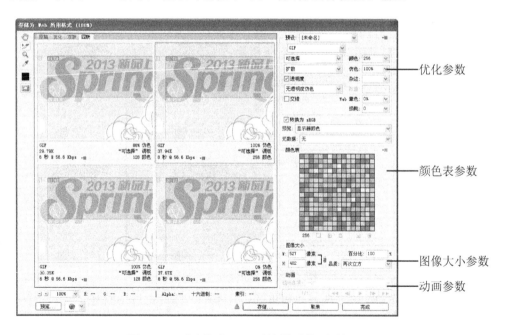

图 11-22 【存储为 Web 所用格式】对话框

1. 预览窗口

单击【原稿】选项卡，可以在窗口中显示没有优化的图像；单击【优化】选项卡，可以在窗口中显示应用了当前优化的图像；单击【双联】选项卡，可以同时显示优化前和优化后的图像；单击【四联】选项卡，可以并排显示图像的 4 个版本，如图 11-23 所示，第一个是没有优化的原图，其它 3 个图像则进行了不同的优化，每个图像下面都提供了优化信息，如优化格式、文件大小、图像估计下载时间等，通过对比可以选择最佳的优化方案。

图 11-23　【切片选项】对话框

2．工具栏

在【存储为 Web 所用格式】对话框的左侧是工具栏，一共有 6 个工具，用来对预览窗口中的图像进行操作，下面介绍一下每个工具的作用。

◇ "抓手工具"：用于平移预览窗口中的图像。

◇ "切片选择工具"：当图像包含多个切片时，可使用该工具选择切片，并对其进行优化处理。

◇ "缩放工具"：在预览窗口中单击鼠标，可以放大图像的显示比例；按住 Alt 键单击鼠标则缩小显示比例。

◇ "吸管工具"：使用该工具在预览窗口中的图像上单击，可以拾取颜色，该颜色出现在其下方的【吸管颜色】图标上。

◇ "切换切片可视性"：单击该按钮可以显示或隐藏切片的边界框。

3．参数区

在【存储为 Web 所用格式】对话框的右侧是参数区，通过这些参数可以优化图像，共分为 4 组：优化参数、颜色表参数、图像大小参数、动画参数。

◇ 优化参数：可以直接在【预设】下拉列表中选择预设的优化方案，也可以调整参数，从而得到更好的优化效果，具体的设置将在下一节介绍。

◇ 颜色表参数：当将图像优化为 GIF、PNG-8 和 WBMP 格式时，可以在【颜色表】中对图像颜色进行优化设置。另外，单击右上角的 按钮，可以打开颜色表菜单，其中包含了与颜色有关的命令，可以新建颜色、删除颜色、载入颜色表以及按色相排序等，如图 11-24 所示。

◇ 图像大小参数：在这里不仅显示了图像大小，还可以根据像素尺寸或原稿大小的百分比对图像进行调整。

◇ 动画参数：在这里可以设置动画播放的次数。

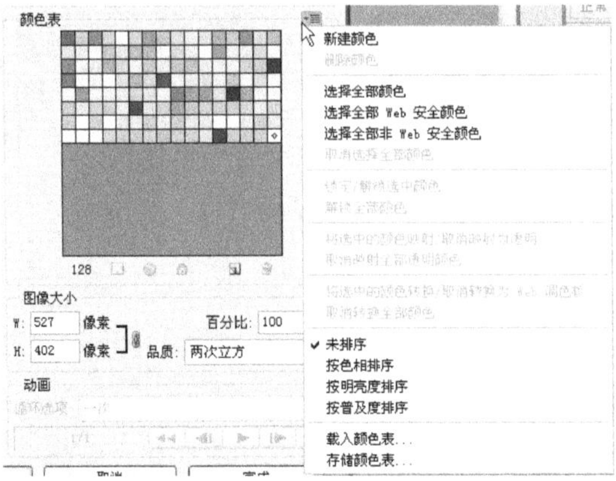

图 11-24　颜色表菜单

11.2.2　Web 图形优化选项

本节将详细介绍如何在【存储为 Web 所用格式】对话框中优化图像。如果图像进行了切片，还可以对切片分别进行优化。选择需要优化的切片以后，在右侧的文件格式下拉列表中选择一种文件格式，并设置优化选项即可。

1．优化为 GIF 和 PNG-8 格式

GIF 是用于压缩具有单调颜色和清晰细节的图像(如艺术线条、徽标或带文字的插图)的标准格式，它是一种无损的压缩格式。PNG-8 格式与 GIF 格式一样，也可以有效地压缩纯色区域，同时保留清晰的细节。这两种格式都支持 8 位颜色，因此它们可以显示多达 256 种颜色。在【存储为 Web 所用格式】对话框的文件格式下拉列表中可以选择这两种格式，如图 11-25 所示。

图 11-25　GIF 和 PNG-8 格式的优化选项

◇ 减低颜色深度算法：用于指定生成颜色查找表的方法，其中"可感知"选项通过为人眼比较敏感的颜色赋予优先权来创建自定颜色表；"可选择"选项与"可感知"选项颜色表类似，但对大范围的颜色区域和保留 Web 颜色更有利。此颜色表通常会生成具有最大颜色完整性的图像；"随样性"选项通过从图像的主要色谱中提取色样来创建自定颜色表；"受限"选项使用 Windows 和 Mac OS 调板通用的标准 216 色颜色表。该选项可以确保使用 8

位颜色显示图像时，不对颜色应用浏览器仿色。

✧ 【颜色】：可以指定要在颜色查找表中使用的颜色数量，如图 11-26 所示为不同颜色数量的图像效果。

图 11-26　【颜色】值为 8 和 256 的图像效果

✧ 指定仿色算法：用于指定仿色的算法。选择"图案"，使用类似半调的方形图案模拟颜色表中没有的颜色；选择"扩散"，仿色效果在相邻像素间扩散；选择"杂色"，产生与"扩散"仿色相似的随机图案，但不在相邻像素间扩散图案。

✧ 【仿色】：是指通过模拟计算机中的颜色来显示系统未提供的颜色。较高的仿色百分比会使图像中出现更多的颜色和细节，但也会增加文件占用的存储空间。如图 11-27 所示是颜色为 50，仿色为 0% 和 100% 的效果。

图 11-27　不同百分比的仿色效果

✧ 【透明度】：确定如何优化图像中的透明像素，如图 11-28 所示为勾选【透明度】选项，并设置【杂边】颜色为红色以及未设置【杂边】颜色的效果。

图 11-28　不同百分比的仿色效果

219

- ◇ 【交错】: 选择该选项, 当图像正在下载时, 在浏览器中显示图像的低分辨率版本, 使用户感觉下载时间更短, 但这会增加文件的大小。
- ◇ 【Web 靠色】: 指定将颜色转换为最接近的 Web 面板等效颜色的容差级别, 并防止颜色在浏览器中进行仿色。该值越高, 转换的颜色越多。
- ◇ 【损耗】: 通过有选择地扔掉数据来减小文件大小, 可以将文件减小 5%~40%。在通常情况下, 应用 5~10 的 "损耗" 值不会对图像产生太大的影响。但是数值较高时, 文件虽然会更小, 图像品质却会变差。

2. 优化为 JPEG 格式

JPEG 是用于压缩连续色调图(如照片)的标准格式, 将图像优化为 JPEG 格式时采用的是有损压缩, 它会有选择性地扔掉数据以减小文件大小, 如图 11-29 所示为 JPEG 优化选项。

图 11-29　JPEG 格式优化选项

- ◇ 压缩品质: 在该下拉列表中可以选择预设的压缩选项。
- ◇ 【品质】: 用来设置压缩程度, 值设置越高, 图像的细节越多, 但生成的文件也越大。
- ◇ 【连续】: 选择该选项, 在 Web 浏览器中以渐进方式显示图像。
- ◇ 【优化】: 选择该选项, 创建文件大小稍小的增强 JPEG, 如果要最大限度地压缩文件, 建议使用优化的 JPEG 格式。
- ◇ 【嵌入颜色配置文件】: 选择该选项, 在优化文件中保存颜色配置文件。某些浏览器会使用颜色配置文件进行颜色的校正。
- ◇ 【模糊】: 选择该选项, 指定应用于图像的模糊量。此选项与高斯模糊滤镜的效果类似, 并允许进一步压缩文件以获得更小的文件大小。建议使用 0.1~0.5 之间的设置。
- ◇ 【杂边】: 为原始图像中透明的像素指定一个填充颜色。

3. 优化为 PNG-24 格式

PNG-24 格式合适于压缩连续色调图像, 它的优点是可以在图像中保留多达 256 个透明度级别, 但是生成的文件要比 JPEG 格式生成的文件大得多, 如图 11-30 所示为 PNG-24 优化选项, 其设置方法可参考 GIF 格式的相应选项。

4. 优化为 WBMP 格式

WBMP 格式是用于优化移动设备(如移动电话)图像的标准格式, 如图 11-31 所示为该格式的优化选项。使用该格式优化后, 图像中只包含黑色和白色像素。

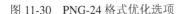

图 11-30　PNG-24 格式优化选项

图 11-31　WBMP 格式优化选项

11.2.3　Web 图形的输出设置

优化 Web 图形后，在【存储为 Web 所用格式】对话框的"优化"菜单中选择【编辑输出设置】命令，如图 11-32 所示，打开【输出设置】对话框，如图 11-33 所示。在对话框中可以控制如何设置 HTML 文件的格式，如何命名文件和切片，以及在存储优化图像时如何处理背景图像。

图 11-32　选择【编辑输出设置】命令

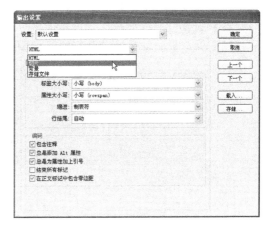

图 11-33　【输出设置】对话框

如果要使用预设的输出选项，可以在【设置】选项的下拉列表中选择一个选项。如果要自定义输出选项，则可以在【设置】选项下方的下拉列表中选择"HTML"、"切片"、"背景"或"存储文件"，对话框中就会显示详细的设置内容。

11.3　创建动画

动画是一些表现连续动作的图像或者帧被快速播放后而形成的视觉效果。由于每一帧画面与前一帧画面都有一些细微的变化，当播放速度很快时就形成了动画。

11.3.1　Photoshop 动画功能的发展

在网页制作中经常会使用一些动画来增强视觉效果，制作动画的软件比较多。如 Ulead GIF Animator、Gif Tools 等，Adobe 公司为了进一步扩大 Photoshop 的应用空间，在发布 Photoshop 5.5 版本时，将 ImageReady 整合到了 Photoshop 中，从此，不管是设计交互式的 Web 图形，还是制作桌面印刷图像，Photoshop 都能提供强大的技术支持，而且操作简单。

　　随着技术的不断发展，当 Adobe 公司发布 Photoshop9.0(即 Photoshop CS2 版本)时，将 ImageReady 几乎所有的功能集成到了 Photoshop 中，取消了 ImageReady 与 Photoshop 捆绑的方式。目前版本的 Photoshop 提供了专门的【动画】面板，可以用于编辑视频与动画。

11.3.2　认识【时间轴】面板

　　在 Photoshop CS6 中，制作 GIF 动画需要使用【图层】面板和【时间轴】面板。一般地，需要先在【图层】面板中的各图层上制作出动画的画面，再在【时间轴】面板中设置动画的帧，然后在每一帧上放置不同的画面。

　　关于图层的操作，前面已经讲过，这里不再赘述。下面认识一下【时间轴】面板。单击菜单栏中的【窗口】/【时间轴】命令，则打开【时间轴】面板。Photoshop CS6 中的【时间轴】面板有两种形态，一种是视频时间轴形式，如图 11-34 所示，主要用于编辑简单的视频文件；另一种是帧动画形式，如图 11-35 所示，主要用于制作 GIF 动画。

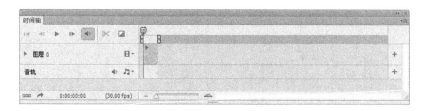

图 11-34　视频时间轴

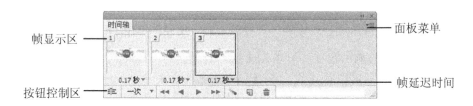

图 11-35　帧动画时间轴

　　打开【时间轴】面板后，如果显示为视频时间轴形式，可以单击左下角的 ▯▯▯ 按钮，切换到帧动画形式，在【时间轴】面板中将显示每个帧的缩览图。【时间轴】面板主要用于创建、查看及设置动画。

　　◇　帧显示区：用于显示每一帧中的图像，其中左上角是帧的编号，可以显示动画是由多少帧组成的。另外，始终有一帧具有明显的边框，该帧称为当前帧。

　　◇　帧延迟时间：用于设置在播放过程中，每一帧图像的停留时间。

　　◇　按钮控制区：用于控制动画的设置与播放。其中，单击 ▚ 按钮，则弹出【过渡】对话框；单击 ▱ 按钮，则可以复制选择的帧；单击 ▥ 按钮，则删除选择的帧。

◇　面板菜单：单击该按钮会打开一个菜单，其中的命令是关于动画帧的选择、
　　创建、删除、过渡、反向、优化等操作。

11.3.3　添加与删除帧

在 Photoshop 中制作动画，需要由【时间轴】面板和【图层】面板共同完成，可以制
作的动画效果很多，如移动、过渡、切换等。添加帧是创建动画的第一步。如果打开了一
幅图像，则图像将作为新动画的第一帧显示在【时间轴】面板中，添加帧时，新添加的帧
将复制它前一帧的内容，这时结合【图层】面板修改帧的内容即可产生动画。

向动画中添加帧的操作步骤如下：

(1) 在【时间轴】面板中，选择添加帧的位置。

(2) 单击 按钮，或单击面板菜单中的【新建帧】命令，则向【时间轴】面板中添
加了帧，新添加的帧是前一个帧的副本。

一般情况下，制作完动画以后，都要检查一下动画中是否含有多余的帧，如果有的
话，一定要删除它们。删除帧的步骤如下：

(1) 在【时间轴】面板中，选择要删除的帧。

(2) 单击面板下方的 按钮，可以删除所选帧。

(3) 如果要删除整个动画，则单击【时间轴】面板菜单中的【删除动画】命令即可。

11.3.4　设置帧延迟时间

设置帧延迟是创建动画的一个重要过程，所谓帧延迟是指在播放动画时，每一个帧画
面的停留时间。延迟时间以秒为单位，可以保留两位小数，例如，可以设置帧延迟时间为
0.1 秒、0.25 秒等。设置帧延迟的具体步骤如下：

(1) 在【动画】面板中选择要设置延迟时间的帧。

(2) 单击该帧缩览图下方的帧延迟设置按钮 0秒 ，
则弹出帧延迟时间菜单，如图 11-36 所示。

(3) 在菜单中选择所需的帧延迟时间，则该时间将
显示在帧缩览图的底部。

(4) 如果需要定义帧延迟时间，可以选择【其它】
命令，在弹出的【设置帧延迟】对话框中输入帧延迟时
间，单击【确定】按钮即可，如图 11-37 所示。

图 11-36　帧延迟时间菜单

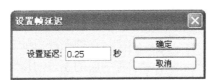

图 11-37　【设置帧延迟】对话框

【实例练习】制作一个打字动画

(1) 单击菜单栏中的【文件】/【打开】命令，打开素材文件"tu11-1.psd"，该文件中已经处理好了图层，如图 11-38 所示。

(2) 单击菜单栏中的【窗口】/【时间轴】命令，打开【时间轴】面板，然后单击 <img> 按钮新建一帧，在【图层】面板中显示"图层 1"，如图 11-39 所示。

图 11-38　处理好的图层　　　　　　　　图 11-39　新建一帧

(3) 同样的方法，再新建一帧，在【图层】面板中显示"图层 2"，依此类推，每新建一帧，显示一个图层，结果如图 11-40 所示。

图 11-40　建立帧动画

(4) 在第 6 帧的下方单击 <img> 按钮，在弹出的帧延迟时间菜单中选择 1.0 秒。

(5) 单击播放按钮 ▶，可以预览到创建的动画效果。

11.3.5　设置过渡帧

使用【过渡】命令可以在两个具有不同图层属性的帧之间建立一种均匀的过渡效果，从而创建出平滑的过渡动画。例如，要创建一个淡入淡出的动画，可以设置开始帧中的图层不透明度为 100%，然后在新的帧中设置图层的不透明度为 0%，这样，使用【过渡】命令就可以在两个帧之间创建一个逐渐过渡到透明的动画。

设置过渡帧的步骤如下：

(1) 选择一个帧或多个连续帧。

如果选择了一个帧，则既可以与前一帧产生过渡，也可以与后一帧产生过渡；如果选择了两个连续的帧，则过渡帧添加在两帧之间；如果选择了连续的多个帧，则在第一帧与最后一帧之间存在的帧将被过渡帧所取代。注意，不连续的帧之间不能产生过渡。

(2) 在【动画】面板中单击 ⬥ 按钮或单击面板菜单中的【过渡】命令，则弹出【过渡】对话框，如图 11-41 所示。

图 11-41　【过渡】对话框

(3) 在【过渡】对话框中设置所需要的参数。

◇　【过渡方式】：用于设置帧之间的过渡。

◇　【要添加的帧数】：该选项用于设置两帧之间的过渡帧数。

◇　【图层】：用于指定要改变的图层。选择【所有图层】选项，则所有的图层都发生变化；选择【选中的图层】选项，则只有被选择帧中的图层发生变化。

◇　【参数】：用于指定发生过渡的图层属性。选择【位置】复选框，则图层中图像的位置发生过渡；选择【不透明度】复选框，则图层的不透明度发生过渡；选择【效果】复选框，则图层的效果发生过渡。

(4) 单击【确定】按钮，则添加了过渡帧。

📖【实例练习】制作一个花瓣洒落的更换天空

(1) 单击菜单栏中的【文件】/【打开】命令，打开素材文件"tu11-2.psd"，这是一幅由两层组成的图像，如图 11-42 所示。

图 11-42　打开的素材

225

（2）单击菜单栏中的【窗口】/【时间轴】命令，打开【时间轴】面板，然后单击 按钮新建一帧，如图 11-43 所示。

图 11-43　新建一帧

（3）选择工具箱中的"移动工具"，将"图层 1"中的花瓣向右下角移动一段距离，如图 11-44 所示。

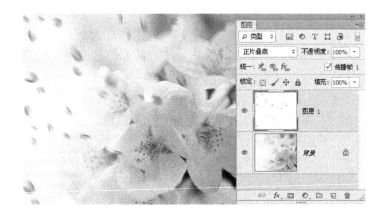

图 11-44　移动"图层 1"中图像的位置

（4）在【时间轴】面板中同时选择第 1 帧与第 2 帧，单击 按钮打开【过渡】对话框，设置参数如图 11-45 所示。

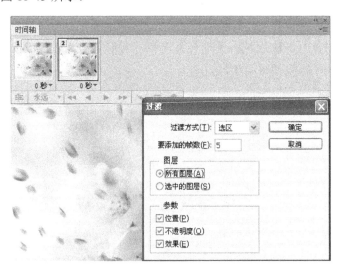

图 11-45　设置【过渡】参数

(5) 单击【确定】按钮，则在第 1 帧与第 2 帧之间插入 5 个过渡帧，这时总计出现 7 个动画帧。

(6) 在【时间轴】面板中同时选择第 1～7 帧，然后在任意一帧的下方单击 0秒▾ 按钮，在弹出的帧延迟时间菜单中选择 0.5 秒，结果如图 11-46 所示。

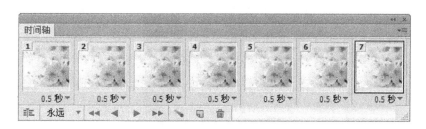

图 11-46　更改帧延迟时间

(7) 单击"播放"按钮 ▶，可以预览到花瓣飘落的动画效果。

11.3.6　优化 GIF 动画

优化动画与优化静态图像一样，但是 Photoshop 中的动画必须优化成 GIF 格式，因为只有 GIF 格式的图像才支持动画功能。如果将动画输出为 JPEG 格式，那么最终的网页上只能显示出动画的第一帧内容。

优化 GIF 动画时，Photoshop 应用了专门的抖动算法，以确保抖动图案在所有帧中保持一致，并防止在播放期间出现闪烁。优化动画的具体步骤如下：

(1) 单击【时间轴】面板菜单中的【优化动画】命令，则弹出【优化动画】对话框，如图 11-47 所示。

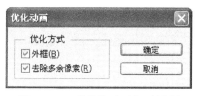

图 11-47　【优化动画】对话框

(2) 在对话框中可进行选项设置。

◇ 选择【外框】选项，则修剪前面已经改变的每一帧，使用这个选项创建的动画文件比较小。

◇ 选择【去除多余像素】选项，则前面的帧中未转换的像素变为透明，它是默认选项。

(3) 单击【确定】按钮，确定该优化选项。

11.3.7　GIF 动画的生成

当制作完成动画以后，需要将其输出为图片形式，然后在 Dreamweaver 中制作网页时使用。在 Photoshop 中输出 GIF 动画，必须使用【存储为 Web 所用格式】命令，并且必须设置 GIF 格式。具体操作步骤如下：

(1) 单击菜单栏中的【文件】/【存储为 Web 所用格式】命令，这时弹出【存储为 Web 所用格式】对话框，这里需要设置文件格式为 GIF 格式，颜色最好保持 256 色，【动画循环选项】设置为"永远"，如图 11-48 所示。

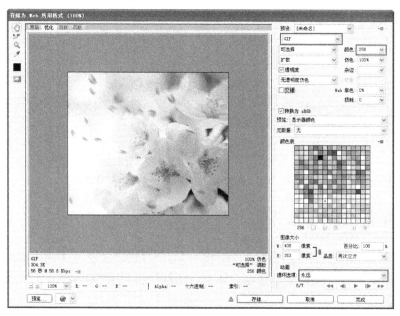

图 11-48　输出动画的设置

(2) 单击【存储】按钮，则弹出【将优化结果存储为】对话框，如图 11-49 所示，在该对话框的【格式】选项中选择"仅限图像"，在【文件名】选项中设置一个适当的名称。

图 11-49　最终的修复效果

(3) 单击【保存】按钮，即可将制作动画输出为 GIF 格式的文件。

本 章 小 结

处理网络图像的核心内容之一就是图像的切片与 GIF 动画的制作，Photoshop 作为一款终极图像处理软件，它的应用领域非常广，在网页设计领域也是必不可少的设计工具之一。本章介绍了利用 Photoshop 创建切片、优化图像、制作网页动画等内容，掌握网络图像的处理技术，将极大地增强网页的艺术效果，提高制作网页的水平。通过本章的学习，读者应该做到：

- ◇　了解切片的类型。
- ◇　掌握创建切片与编辑切片的方法。
- ◇　学会设置切片选项。
- ◇　掌握 Web 图像的优化与输出设置。
- ◇　了解 Photoshop 的动画功能与【时间轴】面板。
- ◇　掌握创建与输出 GIF 动画的方法。

本 章 习 题

1. 在 Photoshop 中，切片分为_____和_____两种类型，创建切片时有三种方法，即_____、_____和_____。

2. Photoshop 中的【时间轴】面板有两种形态，一种是_____，用于编辑简单的视频文件；另一种是_____，主要用于制作 GIF 动画。

3. 对图像进行优化时，可以将图像优化为 4 种格式，分别是_____、_____、_____和_____。

4. 以下关于切片的说法正确的是_____。

　　A. 切片可以是任意形状

　　B. 可以调节不同切片的颜色、层次变化

　　C. 可以对不同的切片设置不同的超链接

　　D. 自动切片不能被输出

5. 下列对于切片的操作不能实现的_____。

　　A. 移动切片　　　　　　　　　B. 组合切片

　　C. 划分切片　　　　　　　　　D. 基于选区生成切片

6. 如果要选择多个切片，需要按住_____键进行选择。

　　A. Shift　　　　　B. Alt　　　　C. Ctrl　　　　　　D. Alt + Ctrl

7. 使用过渡动画帧功能制作动画时，不能实现_____。

　　A. 同一图层中图像的大小变化

　　B. 图层透明程度的变化

　　C. 图层样式的过渡变化

　　D. 图层中图像位置的变化

8. 当使用 JPEG 作为优化图像的格式时，_____。

    A. JPEG 虽然不支持动画，但它比其它的优化文件格式(GIF 和 PNG)所产生的文件一定小

    B. 当图像颜色数量限制在 256 色以下时，JPEG 文件总比 GIF 的大一些

    C. 图象质量百分比越高，文件尺寸越大

    D. 图象质量百分比越高，文件尺寸越小

9. 制作网页时为什么要对图像进行切片？

10. 简述 GIF 动画输出流程。

实践篇

实践 1 网站 Logo 的制作

 实践指导

实 践 1.1

设计一个书友会网站的 Logo 图案。

【分析】

本网站内容以笔友的优美文章为主，是书友之间交流写作心得的开放式平台。综合考虑网站的主题内容、面向的用户群体等因素，Logo 设计采用图形为主，将打开的书与钢笔组合在一起，寓意阅读与笔记，贴合网站内容，同时网站 Logo 采用热情与温暖的淡红色。在制作 Logo 图案时，主要使用了 Photoshop 中的复制图层、自由变换、合并图层等操作。

【参考解决方案】

(1) 单击菜单栏中的【文件】/【新建】命令，创建一个新文件，其【宽度】为 400 像素，【高度】为 300 像素，分辨率为 72 像素/英寸。

(2) 在【图层】面板中创建一个新图层"图层 1"，选择工具箱中的"矩形选框工具"，在图像窗口中创建一个矩形选区，大小与位置如图 S1-1 所示。

图 S1-1 创建的图层与选区

(3) 设置前景色为淡红色(RGB：255、51、51)，按下 Alt+Delete 键填充前景色，然后按下 Ctrl+D 键取消选区。

(4) 连续按下 Ctrl+J 键两次，复制"图层 1"得到"图层 1 副本"和"图层 1 副本 2"，如图 S1-2 所示。

图 S1-2　复制图层

(5) 选择"图层 1 副本 2"为当前图层，按下 Ctrl+T 键添加变换框，然后按住 Ctrl 键，向上拖动左侧中间的控制点，如图 S1-3 所示，然后按下 Enter 键确认。

(6) 选择"图层 1 副本"为当前图层，按下 Ctrl+T 键，参照上一步进行操作，如图 S1-4 所示，最后按下 Enter 键确认。

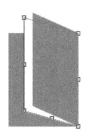

图 S1-3　变换图像　　　　　　　　　　　图 S1-4　变换图像

(7) 选择"图层 1"为当前图层，按下 Ctrl+T 键，参照上一步进行操作，如图 S1-5 所示，最后按下 Enter 键确认。

(8) 在【图层】面板中同时选择"图层 1"、"图层 1 副本"和"图层 1 副本 2"，然后按下 Ctrl+E 键合并图层，结果如图 S1-6 所示。

图 S1-5　变换图像　　　　　　　　　　　图 S1-6　合并图层

(9) 按下 Ctrl+J 键，复制"图层 1 副本 2"得到"图层 1 副本 3"。

(10) 单击菜单栏中的【编辑】/【变换】/【水平翻转】命令，将图形翻转。

(11) 选择工具箱中的"移动工具"，在图像窗口中调整其位置，如图 S1-7 所示。按下 Ctrl+E 键，将构成图形的图层合并为一层，如图 S1-8 所示。

图 S1-7　图像效果　　　　　　　　图 S1-8　合并图层

(12) 选择工具箱中的"直线工具",在工具选项栏中设置绘图方式为"路径",【粗细】为 5 像素,其它参数的设置如图 S1-9 所示。

图 S1-9　直线工具的参数

(13) 在图像窗口中拖动鼠标,创建一个路径,位置如图 S1-10 所示;按下 Ctrl+Enter 键,将路径转换为选区,如图 S1-11 所示。

图 S1-10　创建的路径　　　　　　　图 S1-11　路径转换为选区

(14) 按下 Delete 键,删除选区中的内容,再按下 Ctrl+D 键取消选区,则 Logo 图形如图 S1-12 所示。

(15) 选择工具箱中的"铅笔工具",设置画笔【大小】为 8 像素,【不透明度】为 100%,在箭头的中间单击鼠标,画一个圆点,完成 Logo 图形的绘制,最终效果如图 S1-13 所示。

图 S1-12　图像效果　　　　　　　　图 S1-13　图像效果

(16) 最后按下 Ctrl+T 键，将图形等比例缩小，使之符合网站 Logo 的规定尺寸，并输入网站的名称等，效果如图 S1-14 所示。

图 S1-14　最终的 Logo 效果

实 践 1.2

为家乐福超市网站绘制 Logo 图案。

【分析】

家乐福(Carrefour)是欧洲第一大零售商，是大型超级市场概念的创始者，致力于为社会各界提供物美价廉的商品和优质的服务。它拥有统一的企业标识，由首写字母 C 构成的红、蓝两个箭头，寓意为领跑世界。在 Photoshop 中绘制该 Logo 图案时，要巧妙运用图层与选区，不建议使用钢笔工具进行勾画。

【参考解决方案】

(1) 单击菜单栏中的【文件】/【新建】命令，创建一个新文件，其【宽度】为 400 像素，【高度】为 300 像素，分辨率为 72 像素/英寸。

(2) 在【图层】面板中创建一个新图层"图层 1"，选择工具箱中的"圆角矩形工具"，在工具选项栏中设置参数如图 S1-15 所示。

图 S1-15　圆角矩形工具的参数

(3) 设置前景色为红色(RGB：230、0、18)，在图像窗口中单击鼠标，则弹出【创建圆角矩形】对话框，参数如图 S1-16 所示。

(4) 单击【确定】按钮，则绘制了一个固定大小的正方形，如图 S1-17 所示。

图 S1-16　【创建圆角矩形】对话框　　　　图 S1-17　绘制的图形

(5) 按下 Ctrl+T 键添加变换框，将光标置于变换框的外侧，拖动鼠标旋转 45°，如图 S1-18 所示，最后按下 Enter 键确认变换操作。

(6) 选择工具箱中的"文字工具"，在工具选项栏中设置适当的字体、字号，颜色为任意，输入字母 C，位置如图 S1-19 所示。

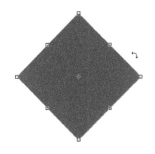

图 S1-18　旋转 45°　　　　　　　　　　　图 S1-19　输入字母 C

(7) 选择工具箱中的"椭圆工具"，在工具选项栏中设置参数如图 S1-20 所示。

图 S1-20　椭圆工具的参数

(8) 在图像窗口中单击鼠标，在弹出的【创建椭圆】对话框中直接单击【确定】按钮，创建一个圆形，位置如图 S1-21 所示。

(9) 按下 Ctrl+J 键复制一个圆形，调整其位置，如图 S1-22 所示。

图 S1-21　绘制的圆形　　　　　　　　　　图 S1-22　复制圆形并调整位置

(10) 在【图层】面板中同时选择图层"C"、"椭圆 1"和"椭圆 1 副本"，如图 S1-23 所示。

(11) 按下 Ctrl+E 键合并选择的图层，得到"椭圆 1 副本"图层，如图 S1-24 所示。

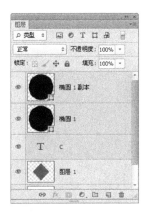

图 S1-23　同时选择图层　　　　　　　　　图 S1-24　合并图层

(12) 按住 Ctrl 键单击"椭圆 1 副本"图层的缩览图，基于图层建立选区，然后删除"椭圆 1 副本"图层。

(13) 确保"图层 1"为当前图层，按下 Delete 键删除选区中的内容，再按下 Ctrl+D 键取消选区，结果如图 S1-25 所示。

(14) 选择工具箱中的"多边形套索工具"，在图像窗口中同时选择图形中的上、下两部分，如图 S1-26 所示。

图 S1-25　图像效果　　　　　　　　图 S1-26　建立选区

(15) 按下 Delete 键删除选区中的内容，再按下 Ctrl+D 键取消选区，结果如图 S1-27 所示。

(16) 按住 Ctrl 键单击"图层 1"的缩览图，基于图层建立选区，然后使用"多边形套索工具"，按住 Alt 键的同时，减选左侧的图形。

(17) 设置前景色为蓝色(RGB：0、50、230)，按下 Alt+Delete 键，将选区填充为蓝色，结果如图 S1-28 所示。

图 S1-27　图像效果　　　　　　　　图 S1-28　填充蓝色后的效果

(18) 按下 Ctrl+D 键取消选区，然后选择工具箱中的"文字工具"，在工具选项栏中设置适当的字体、字号，颜色为蓝色，输入"Carrefour"，如图 S1-29 所示。

图 S1-29　最终的 Logo 效果

实践 2　导航栏的制作

 实践指导

实践 2.1

设计一个水晶风格的导航栏。

【分析】

在制作网站的过程中，导航栏的设计越来越强调简洁、实用，通常情况下是在 Deamweaver 软件中直接实现的，也可以使用 DIV+CSS 实现。当导航栏为图片形式时，多使用 Photoshop 进行制作。水晶风格的导航栏是一种比较流行的外观形式，制作的时候主要运用 Photoshop 中的图层样式、渐变色等功能。

【参考解决方案】

(1) 单击菜单栏中的【文件】/【新建】命令，创建一个新文件，其【宽度】为 800 像素，【高度】为 200 像素，分辨率为 72 像素/英寸。

(2) 在【图层】面板中创建一个新图层"图层 1"。

(3) 选择工具箱中的"圆角矩形工具"，在工具选项栏中设置参数，如图 S2-1 所示。

图 S2-1　圆角矩形工具的参数

(4) 在图像窗口中拖动鼠标，绘制一个圆角矩形，颜色任意，大小与位置如图 S2-2 所示，作为导航栏的底图。

图 S2-2　绘制的圆角矩形

(5) 单击菜单栏中的【图层】/【图层样式】/【渐变叠加】命令，则弹出【图层样式】对话框，并显示"渐变叠加"样式的参数，如图 S2-3 所示。

(6) 单击【渐变】右侧的颜色条，在弹出的【渐变编辑器】对话框中编辑渐变色，渐变条下方的三个色标分别为蓝色(RGB：51、102、153)、亮蓝色(RGB：153、204、255)和浅蓝色(RGB：102、153、204)，并调整蓝色和亮蓝色的中点，如图 S2-4 所示。

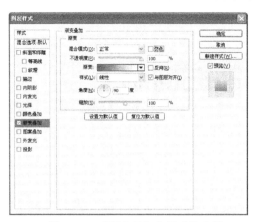

图 S2-3 "渐变叠加"样式的参数　　　　　图 S2-4 编辑渐变色

(7) 单击【确定】按钮返回【图层样式】对话框，在左侧的列表中选择【描边】样式，切换到"描边"样式的参数，设置描边的颜色为蓝色(RGB：51、102、153)，大小为1 像素，如图 S2-5 所示。

(8) 在左侧的列表中选择【内发光】样式，切换到"内发光"样式的参数，设置发光的颜色为亮青色(RGB：204、255、255)，其它参数的设置如图 S2-6 所示。

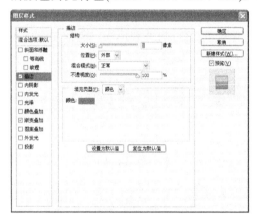

图 S2-5 "描边"样式的参数　　　　　图 S2-6 "内发光"样式的参数

(9) 单击【确定】按钮，则作为导航栏的圆角矩形呈现如图 S2-7 所示的水晶效果。

图 S2-7 图像效果

(10) 选择工具箱中的"文字工具"，在工具选项栏中设置字体为"宋体"，字号为18 点，消除锯齿为"无"，如图 S2-8 所示。

图 S2-8 文字工具的参数

(11) 在图像窗口中单击鼠标，输入导航文字，如图 S2-9 所示。

图 S2-9　输入导航文字

(12) 在【图层】面板中的"图层 1"上单击鼠标右键，在弹出的菜单中选择【拷贝图层样式】命令，然后在文字图层上单击鼠标右键，选择【粘贴图层样式】命令，同时删除"渐变叠加"样式，结果如图 S2-10 所示。

图 S2-10　文字效果

(13) 在"图层 1"的上方创建一个新图层"图层 2"。

(14) 选择工具箱中的"矩形选框工具"，创建一个选区并填充为灰色，其大小与位置如图 S2-11 所示。

图 S2-11　创建选区并填充灰色

(15) 按下 Ctrl+D 键取消选区，然后在【图层】面板中设置"图层 2"的混合模式为"正片叠底"，结果如图 S2-12 所示。

图 S2-12　导航栏的效果

实践 2.2

设计一个金属风格的个性化导航栏。

【分析】

导航栏不是孤立存在的，它是网页的重要组成部分，其设计必须与网页的整体风格一致。对于一些具有特殊视觉效果的网页来说，导航栏的设计尤为重要。

本例将制作一个金属风格的导航栏，一般地，艺术类、游戏类网站会使用这种效果的导航栏，在制作过程中，主要运用了 Photoshop 中的渐变色功能。

【参考解决方案】

(1) 单击菜单栏中的【文件】/【新建】命令，创建一个新文件，其【宽度】为 800 像素，【高度】为 200 像素，分辨率为 72 像素/英寸。

(2) 选择工具箱中的"矩形选框工具"，在图像窗口中拖动鼠标，创建一个矩形选区，如图 S2-13 所示。

(3) 选择工具箱中的"渐变工具"，在工具选项栏中单击▉▉▉▉，则弹出【渐变编辑器】对话框，设置渐变条下方 5 个色标的 RGB 值分别为(44、44、44)、(132、132、

132)、(44、44、44)、(176、176、176)和(36、36、36)，如图 S2-14 所示。

图 S2-13　创建的选区　　　　　　　图 S2-14　【渐变编辑器】对话框

(4) 单击【确定】按钮关闭【渐变编辑器】对话框，然后在渐变工具选项栏中设置选项，如图 S2-15 所示。

图 S2-15　渐变工具选项栏

(5) 在【图层】面板中创建一个新图层"图层 1"。

(6) 按住 Shift 键的同时，在选区内由下向上垂直拖曳鼠标，填充渐变色，则图像效果如图 S2-16 所示。

(7) 按下 Ctrl+D 键取消选区，使用"矩形选框工具"并在图像窗口中拖动鼠标，创建一个矩形选区，如图 S2-17 所示。

图 S2-16　图像效果　　　　　　　　图 S2-17　创建的选区

(8) 按下 Ctrl+T 键添加变形框，然后按住 Shift+Ctrl+Alt 键拖曳变形框左上角的控制点，使图像产生透视变形，如图 S2-18 所示。

(9) 按下 Enter 键确认变换操作。用同样的方法处理矩形的右侧，使之与左侧对称，如图 S2-19 所示为透视变换时的形态。

图 S2-18　变换图像　　　　　　　　图 S2-19　变换图像

(10) 按下 Enter 键确认变换操作，再按下 Ctrl+D 键取消选区。

(11) 选择工具箱中的"圆角矩形工具"，在工具选项栏中设置参数，如图 S2-20 所示。

图 S2-20　圆角矩形工具选项栏

(12) 在图像窗口中拖动鼠标，创建一个圆角矩形路径，如图 S2-21 所示。

(13) 按下 Ctrl+Enter 键，将路径转换为选区，按下 Delete 键删除选区内的图像，图像效果如图 S2-22 所示。

图 S2-21　创建的圆角矩形路径　　　　　图 S2-22　图像效果

(14) 单击菜单栏中的【图层】/【图层样式】/【描边】命令，在弹出的【图层样式】对话框中设置描边色为黑色，并设置其它各项参数，如图 S2-23 所示。

(15) 单击【确定】按钮，图像效果如图 S2-24 所示。

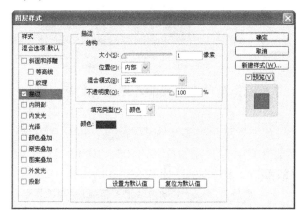

图 S2-23　【图层样式】对话框　　　　　图 S2-24　图像效果

(16) 使用"矩形选框工具"，并在图像窗口中拖动鼠标，创建一个如图 S2-25 所示的矩形选区。

(17) 在【图层】面板中创建一个新图层"图层 2"，使其位于"图层 1"的下方，如图 S2-26 所示。

图 S2-25　创建的矩形选区　　　　　图 S2-26　创建新图层

(18) 选择工具箱中的"渐变工具",在工具选项栏中单击,弹出【渐变编辑器】对话框,设置渐变条下方 6 个色标的 RGB 值分别为(181、140、70)、(214、202、180)、(208、195、173)、(149、107、57)、(197、139、70)和(142、112、91),如图 S2-27 所示。

(19) 按住 Shift 键的同时,在选区内由上向下垂直拖曳鼠标,填充渐变色,图像效果如图 S2-28 所示。

图 S2-27 【渐变编辑器】对话框

图 S2-28 图像效果

(20) 继续使用"矩形选框工具",并在图像窗口中图形的左端拖动鼠标,创建一个矩形选区,如图 S2-29 所示。

(21) 选择工具箱中的"渐变工具",在工具选项栏中单击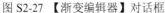,弹出【渐变编辑器】对话框,设置渐变条下方 5 个色标的 RGB 值分别为(105、105、105)、(212、212、212)、(105、105、105)、(248、248、248)和(76、85、89),如图 S2-30 所示。

图 S2-29 创建的选区

图 S2-30 【渐变编辑器】对话框

(22) 在【图层】面板中创建一个新图层"图层 3"。按住 Shift 键的同时在选区内由上向下垂直拖曳鼠标，填充渐变色，则图像效果如图 S2-31 所示。

(23) 在【图层】面板中创建一个新图层"图层 4"，并将该层拖曳至"图层 1"的上方。

(24) 继续使用"矩形选框工具"，并在图像窗口中创建一个矩形选区，并填充渐变色，如图 S2-32 所示。

图 S2-31　图像效果

图 S2-32　图像效果

(25) 按下 Ctrl+D 键取消选区。在【图层】面板中的"图层 1"上单击鼠标右键，从弹出的菜单中选择【拷贝图层样式】命令，再在"图层 4"上单击鼠标右键，从弹出的菜单中选择【粘贴图层样式】命令，图像效果如图 S2-33 所示。

(26) 按下 Ctrl+J 键复制"图层 4"，然后使用"移动工具"将复制的图像移动至导航按钮的右端，如图 S2-34 所示。

图 S2-33　图像效果

图 S2-34　调整图像位置

(27) 在【图层】面板中同时选择除"背景"层以外的所有图层，按下 Ctrl+E 键合并为一层，完成导航按钮的制作。

(28) 按下 Ctrl+T 键添加变形框，将导航按钮等比例缩小，然后复制 4 个，并使它们等距离排列，形成导航条，如图 S2-35 所示。

图 S2-35　复制并排列图像

(29) 设置前景色为黑色。选择工具箱中的"文字工具"，在工具选项栏中设置各项参数如图 S2-36 所示。

图 S2-36　文字工具选项栏

(30) 在导航按钮上单击鼠标输入导航文字，并在【图层】面板中将文字图层的混合模式设置为"叠加"，最终效果如图 S2-37 所示。

图 S2-37　最终效果

实践 3　淘宝海报的制作

实践指导

实践 3.1

为一家儿童玩具淘宝网店设计"六一"儿童节促销海报。

【分析】

为淘宝店制作海报时要注意尺寸的设置，因为宽度是受限制的，高度可以自由设置。如果海报与店招一样大，那么宽度为 950 像素；如果海报放置在右侧，宽度则为 750 像素。本例将制作一个通栏海报，使用了大量的儿童玩具素材图片。

【参考解决方案】

(1) 单击菜单栏中的【文件】/【新建】命令，创建一个新文件，其【宽度】为 950 像素，【高度】为 350 像素，分辨率为 72 像素/英寸，名称为"淘宝海报"。

(2) 设置前景色为灰色(RGB：229、229、229)，按下 Alt+Delete 键填充前景色。

(3) 单击菜单栏中的【文件】/【打开】命令，打开素材文件"stu3-1a.png"，按下 Ctrl+A 键全选图像，再按下 Ctrl+C 键复制图像。

(4) 切换到"淘宝海报"图像窗口，按下 Ctrl+V 键粘贴复制的图像，则【图层】面板中产生一个新图层"图层 1"，同时设置该层的混合模式为"深色"，如图 S3-1 所示。

(5) 按下 Ctrl+T 键添加变换框，按住 Shift 键将其等比例缩小，并调整到窗口图像的右侧，如图 S3-2 所示，最后按下 Enter 键确认变换操作。

图 S3-1　混合模式为"深色"　　　　图 S3-2　等比例缩小图像

(6) 单击菜单栏中的【文件】/【打开】命令，打开素材文件"stu3-1b.png"。

(7) 选择工具箱中的"魔棒工具",在工具选项栏中设置【容差】为 10,并选择【连续】选项。按住 Shift 键在图像窗口中的白色背景处分别单击鼠标,选择背景,然后按下 Shift+Ctrl+I 键反选图像,则选择了玩具,如图 S3-3 所示。

(8) 按下 Ctrl+C 键,复制选择的玩具。切换到"淘宝海报"图像窗口,再按下 Ctrl+V 键粘贴复制的图像。

(9) 按下 Ctrl+T 键添加变换框,按住 Shift 键将其等比例缩小,并调整到合适的位置,如图 S3-4 所示,最后按下 Enter 键确认变换操作。

图 S3-3 选择玩具

图 S3-4 等比例缩小图像

(10) 继续打开素材文件"stu3-1c.png",将其中的图像复制到"淘宝海报"图像窗口中,在【图层】面板中设置"图层 3"的混合模式为"深色"。

(11) 按下 Ctrl+T 键添加变换框,按住 Shift 键将其等比例缩小,并调整到窗口图像的左侧,如图 S3-5 所示,然后按下 Enter 键确认变换操作。

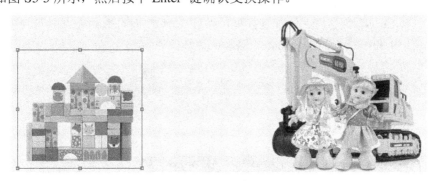

图 S3-5 等比例缩小并调整位置

(12) 继续打开素材文件"stu3-1d.png",选择工具箱中的"魔棒工具",在图像窗口中的白色背景处单击鼠标,选择背景。

(13) 执行菜单栏中的【选择】/【反向】命令,反选图像,如图 S3-6 所示。按下 Ctrl+C 键复制选择的玩具。

(14) 切换到"淘宝海报"图像窗口中,按下 Ctrl+V 键粘贴复制的图像。

(15) 按下 Ctrl+T 键添加变换框,按住 Shift 键将其等比例缩小至适当大小,并调整到合适的位置,如图 S3-7 所示,最后按下 Enter 键确认变换操作。

图 S3-6　选择的玩具

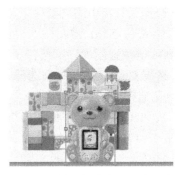

图 S3-7　等比例缩小至适当大小

(16) 选择工具箱中的"文字工具"，在文字工具选项栏中设置适当的字体、大小，并设置文字颜色为黑色。在图像窗口中单击鼠标定位光标，然后输入文字"疯狂"，如图 S3-8 所示。

图 S3-8　输入文字

(17) 按下 Ctrl+T 键为文字添加变换框，按住 Ctrl 键向右拖动上方中间的控制点，将文字倾斜，如图 S3-9 所示，按下 Enter 键确认变换操作。

图 S3-9　变形文字

(18) 单击菜单栏中的【文字】/【转换为形状】命令，将文字转换为形状。将文字转换为形状以后，文字的性质就变成了图形，此时只能通过编辑路径的方法进行编辑。

(19) 选择工具箱中的"直接选择工具"，单击"疯"字，使文字路径上的锚点显现出来，然后有选择地调整锚点，改变"疯"字的形态。再将"狂"字左下角的撇笔划向左拉长，使其与"疯"字右下角的捺笔划连接起来，如图 S3-10 所示。

图 S3-10 调整路径的锚点

(20) 单击菜单栏中的【图层】/【图层样式】/【渐变叠加】命令，在【图层样式】对话框右侧单击渐变条，如图 S3-11 所示，打开【渐变编辑器】对话框，设置渐变条下方四个色标(从左至右)的 RGB 值分别为(200、51、79)、(245、64、107)、(255、90、125)和(223、63、101)，如图 S3-12 所示。

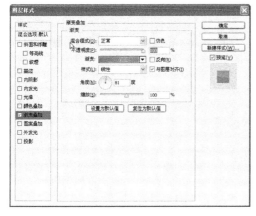

图 S3-11 【图层样式】对话框

图 S3-12 【渐变编辑器】对话框

(21) 在【图层样式】对话框的左侧选择【斜面和浮雕】选项，在对话框右侧设置合适的参数，如图 S3-13 所示。

(22) 在【图层样式】对话框的左侧选择【描边】选项，在对话框的右侧设置描边色为玫红色(RGB：240、102、128)，并设置其它各项参数，如图 S3-14 所示。

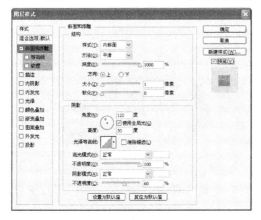

图 S3-13 设置【斜面和浮雕】选项

图 S3-14 设置【描边】选项

(23) 单击【确定】按钮，使文字产生特效，图像效果如图 S3-15 所示。

图 S3-15　文字效果

(24) 选择工具箱中的"椭圆工具"，在工具选项栏中选择"形状"选项，设置【填充】为渐变色，左、右侧色标的 RGB 值分别为(118、215、255)、(42、145、189)，并设置【描边】参数，如图 S3-16 所示。

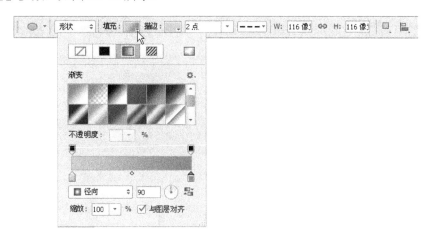

图 S3-16　椭圆工具的参数

(25) 按住 Shift 键，在图像窗口中拖动鼠标，绘制一个圆形，如图 S3-17 所示。

图 S3-17　绘制的圆形

(26) 在【图层】面板中复制"椭圆 1"图层，得到"椭圆 1 副本"图层，设置该层的【填充】为 0%。

(27) 按下 Ctrl+T 键添加变换框，然后按住 Shift 键将复制的圆形等比例放大，如图 S3-18 所示，最后按下 Enter 键确认操作。

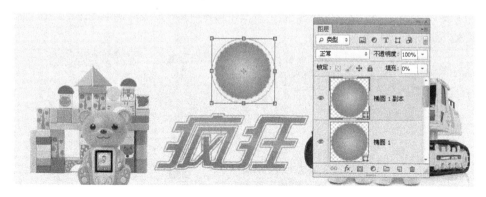

图 S3-18　等比例放大圆形

(28) 选择工具箱中的"文字工具"，在圆形内输入白色文字"购"，字体与大小适当设置，如图 S3-19 所示。

图 S3-19　输入文字

(29) 选择工具箱中的"文字工具"，在文字工具选项栏中设置适当的字体、大小、颜色，在图像窗口中输入其它文字信息，输入文字时，要注意文字的编排错落有致，如图 S3-20 所示。

图 S3-20　输入其它文字

(30) 在【图层】面板中创建一个新图层"图层 5"，使用"矩形选框工具"创建一个选区，并填充绿色，将其适当倾斜，然后在色块上输入促销文字。

(31) 复制"图层 5"中的色块，将其水平向右移动，并更改为玫红色，然后输入促销文字，效果如图 S3-21 所示。

图 S3-21　输入促销文字后的效果

(32) 继续打开素材文件"stu3-1e.png"图像文件，参照前面的方法，将其中的蝴蝶图像复制到"淘宝海报"图像窗口中，完成本例制作，如图 S3-22 所示。

图 S3-22　海报的最终效果

实践 3.2

为一家专卖女鞋的淘宝网店设计"双十一"促销海报。

【分析】

"双十一"即指每年的 11 月 11 日，又被称为光棍节，是电子商务网站非常重视的一天，商家会利用这一天进行一些大规模的打折促销活动，提高销售量。各大网店也会制作相应的促销海报，本例将以"双十一"为背景，为女鞋专卖店设计一款促销海报。在制作过程中，没有过多的 photoshop 技术，重点强调了简洁、大气的视觉效果。

【参考解决方案】

(1) 单击菜单栏中的【文件】/【新建】命令，创建一个新文件，其【宽度】为 950 像素，【高度】为 400 像素，分辨率为 72 像素/英寸，名称为"海报"。

(2) 单击菜单栏中的【文件】/【打开】命令，打开素材文件"stu3-2a.jpg"，按下 Ctrl+A 键全选图像，再按下 Ctrl+C 键复制图像。

(3) 切换到"海报"图像窗口，按下 Ctrl+V 键粘贴复制的图像，则【图层】面板中产生一个新图层"图层 1"，在图像窗口中调整好图像的位置，如图 S3-23 所示。

图 S3-23 图像效果

(4) 在【图层】面板中创建一个新图层"图层 2"。

(5) 选择工具箱中的"矩形选框工具",在图像窗口左侧拖动鼠标,创建一个矩形选区,然后按住 Shift 键,再使用"多边形套索工具"在图像窗口的右侧依次单击鼠标,继续添加选区,如图 S3-24 所示。

图 S3-24 建立的选区

(6) 设置前景色为粉色(RGB:255、100、167),按下 Alt+Delete 键填充前景色,再按下 Ctrl+D 键取消选区,结果如图 S3-25 所示。

图 S3-25 填充颜色后的效果

(7) 在【图层】面板中创建一个新图层"图层 3",并调整到"图层 2"的下方。

(8) 使用"多边形套索工具"在图像窗口中依次单击鼠标,创建一个选区,并填充为青色(RGB:1、175、210),如图 S3-26 所示。

图 S3-26　填充青色后的效果

(9) 按下 Ctrl+D 键取消选区。

(10) 选择工具箱中的"矩形选框工具"，按住 Shift 键的同时，在图像窗口中随机地拖动鼠标，创建如图 S3-27 所示的选区。

图 S3-27　建立的选区

(11) 设置前景色为浅粉色(RGB：249、176、207)，按下 Alt+Delete 键填充前景色，再按下 Ctrl+D 键取消选区。

(12) 在【图层】面板中设置"图层 4"的混合模式为"变亮"，并设置【不透明度】为 29%，如图 S3-28 所示，图像效果如图 S3-29 所示。

图 S3-28　设置"图层 4"属性

图 S3-29　图像效果

(13) 按下 Ctrl+J 键，复制"图层 4"得到"图层 4 副本"，在【图层】面板中设置"图层 4 副本"的混合模式为"正片叠底"，并适当移动其位置，图像效果如图 S3-30 所示。

图 S3-30　图像效果

(14) 选择工具箱中的"直线工具"，在工具选项栏中设置【描边】颜色为白色，并设置为虚线，其它参数的设置如图 S3-31 所示。

图 S3-31　直线工具的参数

(15) 在图像窗口中沿着粉色与青色色块的边缘拖动鼠标，绘制出虚线，效果如图 S3-32 所示。

图 S3-32　绘制出虚线

(16) 在【图层】面板中创建一个新图层"图层 5"。

(17) 使用"矩形选框工具"在图像窗口中拖动鼠标，创建一个非常小的正方形选区，并填充为白色，然后利用它排列出一个数字"11"，如图 S3-33 所示。

图 S3-33　绘制的数字"11"

(18) 选择工具箱中的"文字工具",在工具选项栏中设置适当的字体、大小,分别输入文字,并适当地进行排列,如图 S3-34 所示。

图 S3-34 输入文字后的效果

(19) 继续使用"文字工具"在图像窗口中输入"3",并设置字体为 Colonna MT,大小为 212 点,如图 S3-35 所示。

图 S3-35 输入数字"3"

(20) 在【图层】面板中创建一个新图层"图层 6"。使用"矩形选框工具"创建一个矩形选区,并填充为黄色(RGB:255、241、0),然后按下 Ctrl+T 键,将其在水平方向上进行倾斜处理,如图 S3-36 所示。

图 S3-36 绘制黄色色块

(21) 继续使用"文字工具",并在图像窗口中输入其它文字,并设置适当的字体、大小与颜色,如图 S3-37 所示。

图 S3-37 输入文字后的效果

(22) 单击菜单栏中的【文件】/【打开】命令，打开素材文件"stu3-2b.jpg"。

(23) 按下 Ctrl+A 键全选图像，再按下 Ctrl+C 键复制图像。

(24) 切换到"海报"图像窗口，按下 Ctrl+V 键粘贴复制的图像。

(25) 按下 Ctrl+T 键添加变换框，按住 Shift 键将其等比例缩小，并调整到合适的位置，最终效果如图 S3-38 所示。

图 S3-38 最终效果

实践 4　弹出式招聘广告的制作

 实践指导

实践 4.1

为某企业设计一个网站弹出式招聘广告。

【分析】

网络广告的形式是多种多样的，如 Banner 广告、浮动广告、竖幅广告、按钮广告等。弹出式广告也是一种常见的网络广告形式，访客在登录网页时强制弹出一个广告页面，强迫访客观看，广告页面可以是静态、动态或视频。

本例为某企业员工招聘广告，在本公司网站上投放，并且设计成弹出式网络广告，即用户登录本公司网站就弹出广告，要求设计为静态页面即可。根据这一要求，广告作品的尺寸设置不要大于网页宽度。

【参考解决方案】

(1) 单击菜单栏中的【文件】/【新建】命令，建立一个新文件，其尺寸为 950×400 像素，分辨率为 72 像素/英寸，背景色为灰色(RGB：209、206、202)。

(2) 单击菜单栏中的【文件】/【打开】命令，打开素材文件"stu4-1a.jpg"。

(3) 选择工具箱中的"移动工具"，将其拖动到新建的图像窗口中，调整好大小与位置，如图 S4-1 所示。

图 S4-1　图像效果

(4) 继续打开素材文件"stu4-1b.png"，使用"移动工具"将其拖动到新建的图像窗口中，并调整好位置，如图 S4-2 所示。

图 S4-2　图像效果

(5) 设置前景色为黑色。选择工具箱中的"文字工具"，在工具选项栏中设置各项参数，如图 S4-3 所示。

图 S4-3　文字工具选项栏

(6) 在图像窗口中单击鼠标，输入文字"招聘"，并调整到窗口的上方，使文字只显示一部分，如图 S4-4 所示。

图 S4-4　输入的文字

(7) 在【图层】面板中设置"招聘"图层的【不透明度】为 10％，然后再输入广告词，并设置适当的字体、大小，如图 S4-5 所示。

图 S4-5　输入的文字

(8) 单击菜单栏中的【文件】/【打开】命令，打开素材文件"stu4-1c.png"，将其拖动到新建窗口中，盖住刚输入的文字，如图 S4-6 所示。

图 S4-6　图像效果

(9) 按下 Ctrl+Alt+G 键，将"图层 3"与其下方的文字图层创建剪贴蒙版，这时的文字上面出现了彩色，而其它位置的彩色被屏蔽，其效果如图 S4-7 所示。

图 S4-7　创建剪贴蒙版后的效果

(10) 继续使用"文字工具"来输入文字，并设置适当的字体、大小，颜色为黑色，如图 S4-8 所示。

图 S4-8　输入的文字

注 意

　　Photoshop 的文字工具非常强大，已经具有一定的排版功能，不但可以设置字符属性、段落属性、对齐与分齐，甚至可以设置字符与段落样式。所以在输入多行文字时，尤其是不同的字体与字号时，既可以分多次输入，然后进行分布与对齐；也可以直接输入段落文字，再分别设置字符与段落属性。

(11) 在【图层】面板中新建一个图层"图层 4"，然后分别绘制不同颜色的矩形块，并均匀分布，如图 S4-9 所示。

图 S4-9 绘制的色块

(12) 继续使用"文字工具"，并在色块上输入要招聘的岗位，设置适当的字体与大小，颜色为白色，如图 S4-10 所示。

图 S4-10 输入文字后的效果

(13) 参照前面的操作方法，使用"文字工具"，并在图像窗口中输入岗位说明文字与咨询电话，并设置适当的字体与大小，如图 S4-11 所示。

图 S4-11 输入较小文字的效果

(14) 在【图层】面板中创建一个新图层，绘制一个正方形选区，并填充为灰色，然后使用【描边】样式为其描 1 个像素的白边。

(15) 选择工具箱中的"直线工具"，在灰色的正方形色块上绘制一个交叉线，最后将它们合并为一层，移动到窗口的左上角，最终效果如图 S4-12 所示。

图 S4-12　最终效果

实践 4.2

为某城市制作一个浮动型的网络招商广告。

【分析】

网络广告是一种十分常见的广告形式，具有覆盖面广、观众基数大、交互性强、制作费用低等特点。浮动型网络广告是指在网页中随机或按照特定路径飘动的图片，单击它可以进入广告页面，一般为正方形的 GIF 图片。在 Photoshop 中制作浮动型网络广告时，主要是制作网络广告的超链接入口图片，将其设计成 GIF 动画形式。

【参考解决方案】

(1) 单击菜单栏中的【文件】/【打开】命令，打开素材文件"stu4-2.jpg"，如图 S4-13 所示。

(2) 在【图层】面板中创建一个新图层"图层 1"，设置前景色为白色，按下 Alt+Delete 键填充前景色。

(3) 在【图层】面板中复制"图层 1"层，得到"图层 1 副本"层，然后隐藏"图层 1"层，如图 S4-14 所示。

图 S4-13　打开的图像文件

图 S4-14　【图层】面板

(4) 按下 Ctrl+R 键打开标尺，以画面中心为基准，创建两条相互垂直的参考线。

(5) 选择工具箱中的"多边形套索工具"，在工具选项栏中设置【羽化】值为 0，然后在画面中依照参考线单击鼠标，创建一个三角形选区，如图 S4-15 所示。

(6) 按下 Delete 键删除选区内的图像，再按下 Ctrl+D 键取消选区。

(7) 在【图层】面板中复制"图层 1 副本"层得到"图层 1 副本 2"层，然后隐藏"图层 1 副本"层，如图 S4-16 所示。

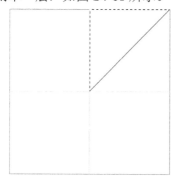

图 S4-15 创建的选区

图 S4-16 【图层】面板(一)

(8) 选择工具箱中的"矩形选框工具"，在工具选项栏中设置【羽化】值为 0。在画面中依照参考线拖曳鼠标，创建一个正方形选区，按下 Delete 键删除选区内的图像，如图 S4-17 所示，再按下 Ctrl+D 键取消选区。

(9) 在【图层】面板中复制"图层 1 副本 2"层，得到"图层 1 副本 3"层，然后隐藏"图层 1 副本 2"层，如图 S4-18 所示。

图 S4-17 删除选区内的图像

图 S4-18 【图层】面板(二)

(10) 选择工具箱中的"多边形套索工具"，在画面中依照参考线创建一个三角形选区，并按下 Delete 键删除选区内的图像，如图 S4-19 所示，再按下 Ctrl+D 键取消选区。

(11) 在【图层】面板中复制"图层 1 副本 3"层，得到"图层 1 副本 4"层，然后隐藏"图层 1 副本 3"层，如图 S4-20 所示。

图 S4-19 删除选区内的图像

图 S4-20 【图层】面板(三)

(12) 参照前面的操作方法，依次复制图像并逐层删除 45°角的三角区域，此时的图像效果与【图层】面板如图 S4-21 所示。

图 S4-21　图像效果与此时的【图层】面板

(13) 在【图层】面板中创建一个新图层"图层 2"，并隐藏"图层 1 副本 7"层。然后按住 Ctrl 键单击"图层 1 副本"层的缩览图，载入选区，再按下 Shift+Ctrl+I 键反选图像。

(14) 设置前景色为黄色(RGB：255、198、0)，按下 Alt+Delete 键填充前景色，此时的图像效果与【图层】面板如图 S4-22 所示。

图 S4-22　图像效果与此时的【图层】面板

(15) 按住 Ctrl 键在【图层】面板中单击"图层 1 副本 2"层的缩览图，载入选区，然后按下 Shift+Ctrl+I 键反选图像。

(16) 在【图层】面板中创建一个新图层"图层 3"，按下 Alt+Delete 键填充前景色，此时的图像效果与【图层】面板如图 S4-23 所示。

图 S4-23　图像效果与此时的【图层】面板

(17) 参照前面的方法，分别通过"图层 1 副本 3"～"图层 1 副本 7"五个图层载入选区，再反选图像，然后创建相应的图层并填充前景色，如图 S4-24 所示。

图 S4-24　创建相应的图层并填充前景色

(18) 按下 Ctrl+D 键取消选区。

(19) 在【图层】面板中创建一个新图层"图层 9"，按下 Alt+Delete 键填充前景色。

(20) 设置前景色为深灰色，选择工具箱中的"文字工具"，在工具选项栏中设置各项参数，如图 S4-25 所示。

图 S4-25　文字工具选项栏

(21) 在画面中单击鼠标输入文字"江城市招商局欢迎您！Tel:0948-77886666"。

(22) 单击菜单栏中的【图层】/【图层样式】/【描边】命令，在弹出的【图层样式】对话框中设置描边色为白色，设置其它各项参数，如图 S4-26 所示。

(23) 单击【确定】按钮，图像效果如图 S4-27 所示。

图 S4-26　【图层样式】对话框　　　　　图 S4-27　图像效果

(24) 单击菜单栏中的【窗口】/【时间轴】命令，打开【时间轴】面板，如图 S4-28 所示，此时单击【创建帧动画】按钮。

图 S4-28　【时间轴】面板

(25) 在【图层】面板中隐藏"图层 1"上方的所有图层，只显示"背景"层和"图层 1"，如图 S4-29 所示。

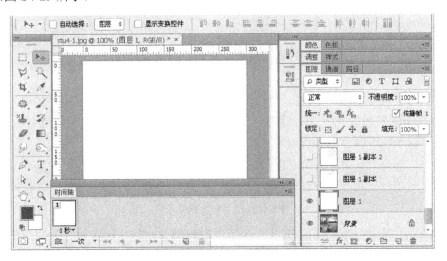

图 S4-29　【图层】面板

(26) 在【时间轴】面板中单击 ▣ 按钮创建第 2 帧，然后在【图层】面板中隐藏"图层 1"，显示"图层 1 副本"层，在第 2 帧中显示该层图像，如图 S4-30 所示。

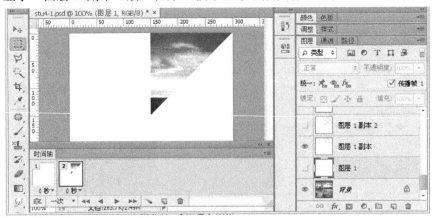

图 S4-30　第 2 帧中显示的图像

(27) 在【时间轴】面板中创建第 3 帧，在【图层】面板中隐藏"图层 1 副本"层，显示"图层 1 副本 2"层，在第 3 帧中显示该层图像，如图 S4-31 所示。

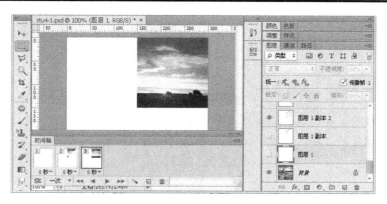

图 S4-31 第 3 帧中显示的图像

(28) 用同样的方法，在【时间轴】面板中创建新的帧，并在【图层】面板中隐藏当前显示的图层而显示上面的一层，如图 S4-32 所示。

图 S4-32 第 8 帧中显示的图像

(29) 在【时间轴】面板中创建第 9 帧，在【图层】面板中隐藏"图层 1 副本 7"层，只显示"背景"层，并且设置第 9 帧的延迟时间为 1 秒，如图 S4-33 所示。

图 S4-33   第 9 帧中显示的图像

(30) 在【时间轴】面板中创建第 10 帧，并且设置该帧的延迟时间为 0 秒，在【图层】面板中显示"背景"层和"图层 2"，如图 S4-34 所示。

图 S4-34　第 10 帧中显示的图像

(31) 用同样的方法，在【时间轴】面板中创建第 11～17 帧，在【图层】面板中相继显示 "图层 3" ～ "图层 9" 层，在相应的帧中显示图像，如图 S4-35 所示。

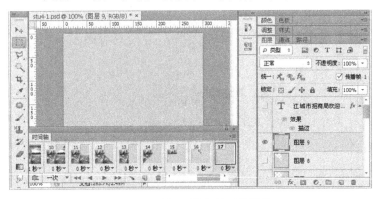

图 S4-35　第 18 帧中显示的图像

(32) 在【时间轴】面板中创建第 18 帧，并且设置该帧的延迟时间为 2 秒，在【图层】面板中显示 "图层 9" 和 "江城市……" 文字层，如图 S4-36 所示。

图 S4-36　设置第 18 帧的延迟时间

(33) 在【时间轴】面板中单击 ▶ 按钮播放动画，可以看到动画效果。

(34) 单击菜单栏中的【文件】/【存储为 Web 所用格式】命令，在【存储为 Web 所用格式】对话框中单击 按钮，可以预览动画效果，如图 S4-37 所示。

图 S4-37　预览动画效果

实践 5　淘宝宝贝的处理

 实践指导

实践 5.1

为淘宝宝贝制作倒影效果。

【分析】

对于经营淘宝网店的用户来说，淘宝宝贝图片的处理非常重要，处理得当可以促进浏览者的购买欲望，提高成交率。在处理宝贝图片时，除了进行一些美化外，也可以添加一点儿小创意，例如投影、倒影等。本例将为淘宝宝贝添加倒影效果，主要运用了 Photoshop 中的垂直翻转与图层蒙版等操作。

【参考解决方案】

(1) 单击菜单栏中的【文件】/【打开】命令，打开素材文件"stu5-1.jpg"，如图 S5-1 所示，这是一个数码相机，下面为其制作倒影效果。

(2) 选择工具箱中的"魔棒工具"，在白色的背景上单击鼠标，选择背景，然后按下 Ctrl+Shift+I 键，反向选择，这时就选择了数码相机，如图 S5-2 所示。

图 S5-1　打开的图片　　　　　　　　　　图 S5-2　选择了数码相机

(3) 按下 Ctrl+J 键，将选择的数码相机复制到"图层 1"中，如图 S5-3 所示。

(4) 设置前景色为淡蓝色(RGB：74、202、255)，背景色为蓝色(RGB：6、169、236)，然后选择工具箱中的"渐变工具"，在工具面板中选择"前景色到背景色渐变"，并设置为"线性渐变"类型，如图 S5-4 所示。

图 S5-3　复制的图层

图 S5-4　"渐变工具"选项栏

(5) 在【图层】面板中选择"背景"图层，然后在图像窗口从左上角向右下角拖动鼠标，填充渐变色，如图 S5-5 所示。

(6) 在【图层】面板中复制"图层 1"，得到"图层 1 副本"。

(7) 单击菜单栏中的【编辑】/【变换】/【垂直翻转】命令，将复制的图像垂直翻转，然后移动到下方，如图 S5-6 所示。

图 S5-5　填充渐变色

图 S5-6　调整复制的图像

(8) 在【图层】面板中设置"图层 1 副本"层的【不透明度】为"50％"，然后单击 按钮，为"图层 1 副本"层添加图层蒙版，如图 S5-7 所示。

(9) 选择工具箱中的"渐变工具"，在工具选项栏中选择"黑，白渐变"，然后在图像窗中由下向上拖动鼠标，倒影效果如图 S5-8 所示。

图 S5-7　添加图层蒙版

图 S5-8　倒影效果

实践 5.2

为淘宝图片添加水印。

【分析】

为淘宝图片添加水印效果可以防止图片被别人盗用，通常情况下，水印主要表现为两种形式：一是平铺式的水印，另一种是单行水印。本例将为淘宝图片添加单行透明效果的水印，主要运用了 Photoshop 的文字工具、图层的填充属性与外发光样式。

【参考解决方案】

(1) 单击菜单栏中的【文件】/【打开】命令，打开素材文件"stu5-2.jpg"，这是一件儿童装，如图 S5-9 所示。

(2) 在工具箱中选择"文字工具"，单击菜单栏中的【窗口】/【字符】命令，打开【字符】面板，分别设置适当的字体、大小和颜色，如图 S5-10 所示。

图 S5-9 打开的图片

图 S5-10 【字符】面板

(3) 在图片的适当位置处单击鼠标，将光标定位，然后输入水印文字，如图 S5-11 所示。

(4) 同样的方法，继续输入文字"可爱宝贝"，并在【字符】面板中设置适当的字体与大小，如图 S5-12 所示。

图 S5-11 输入的文字

图 S5-12 输入的文字

(5) 在【图层】面板中同时选择两个文字图层，按下 Ctrl+E 键并为一层。

(6) 单击菜单栏中的【图层】/【图层样式】/【外发光】命令，打开【图层样式】对话框，设置发光颜色为白色，【大小】为 10，如图 S5-13 所示。

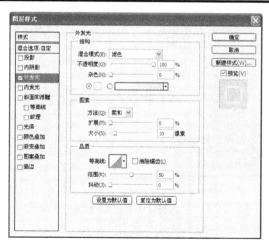

图 S5-13　【图层样式】对话框

(7) 单击【确定】按钮，则为文字添加了外发光效果。这时在【图层】面板中设置【填充】值为 0%，如图 S5-14 所示，即完成了制作，水印效果如图 S5-15 所示。

图 S5-14　【图层】面板

图 S5-15　水印效果

实践 5.3

校正发暗的淘宝图片。

【分析】

拍摄宝贝照片时，如果光线运用不当，容易出现照片曝光不足的情况，即被拍摄的对象偏暗甚至过黑，影响图片的美观。这时必须使用 Photoshop 进行处理，可以使用【曝光度】、【色阶】或【曲线】等命令进行调整，从而使照片的色调与影调趋于正常。

【参考解决方案】

(1) 单击菜单栏中的【文件】/【打开】命令，打开素材文件"stu5-3.jpg"，这幅宝贝图片明显灰暗，如图 S5-16 所示。

(2) 按下 Ctrl+J 键，复制"背景"层到"图层 1"中，如图 S5-17 所示，这样可以防止破坏原片。

图 S5-16　打开的宝贝图片　　　　　　　　　图 S5-17　复制的图层

(3) 单击菜单栏中的【图像】/【调整】/【色阶】命令(或者按下 Ctrl+L 键)，打开【色阶】对话框，分别调整黑场与白场的滑块，如图 S5-18 所示。

(4) 单击【确定】按钮，图片变得明亮起来，如图 S5-19 所示。

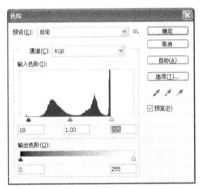

图 S5-18　【色阶】对话框　　　　　　　　　图 S5-19　调亮后的图片效果

注意　　对于经营淘宝网店的用户来说，校正淘宝图片的色彩是一项不可忽视的技能，正确的产品色彩可以让浏览者产生购买欲，同时也可以减少买卖纠纷。校正产品的色彩时，主要是灵活运用 Photoshop 的调整命令，如色阶、曲线、可选颜色、色彩平衡等。

(5) 单击菜单栏中的【图像】/【调整】/【曲线】命令(或者按下 Ctrl+M 键)，在弹出的【曲线】对话框中调整曲线，如图 S5-20 所示。

(6) 单击【确定】按钮，则完成了宝贝图片的调整，调整后的效果如图 S5-21 所示。

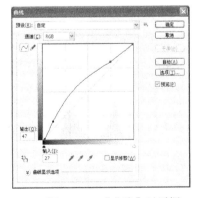

图 S5-20　【曲线】对话框　　　　　　　　　图 S5-21　调整后的效果

实践 5.4

制作宝贝图片边框。

【分析】

给宝贝图片添加一个美观的边框，可以为宝贝图片增色不少，看起来更吸引人。在 Photoshop 中添加边框的方法很多，效果也不尽相同。可以使用【描边】样式快速地为宝贝图片添加简洁的边框，也可以使用路径并结合画笔的方式实现，还可以制作出更加艺术化的边框，如邮票边缘效果、花边效果等。

【参考解决方案】

1. 图层样式法

(1) 单击菜单栏中的【文件】/【打开】命令，打开素材文件"stu5-4a.jpg"，如图 S5-22 所示。

(2) 在【图层】面板中单击 按钮，创建一个新图层"图层 1"，如图 S5-23 所示。

图 S5-22　打开的宝贝图片　　　　图 S5-23　创建的新图层

(3) 按下 Alt+Delete 键填充前景色，颜色任意即可，然后将"图层 1"的【填充】设置为 0%，如图 S5-24 所示。

(4) 在【图层】面板中单击 按钮，在菜单中选择【描边】命令，如图 S5-25 所示。

图 S5-24　设置【填充】值　　　　图 S5-25　执行【描边】命令

(5) 在打开的【图层样式】对话框中，设置【大小】为 10 像素、【位置】为"内部"、【颜色】为黄色(RGB：233、165、42)，如图 S5-26 所示。

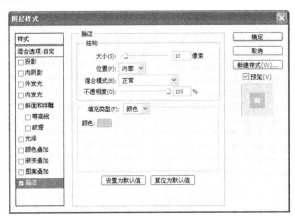

图 S5-26　设置描边参数

(6) 单击【确定】按钮，则为宝贝图片添加了一个简洁的单色边框，如图 S5-27 所示。如果在【图层样式】对话框中设置【填充类型】为"图案"，还可以制作出带图案的边框，如图 S5-28 所示。

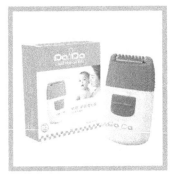

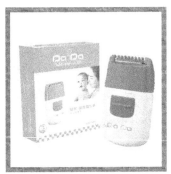

图 S5-27　单色边框　　　　　　　　　图 S5-28　带图案的边框

2．描边路径法

(1) 单击菜单栏中的【文件】/【打开】命令，打开素材文件"stu5-4b.jpg"，如图 S5-29 所示，下面为其添加邮票边缘效果的边框。

(2) 按下 Ctrl+A 键全选图像，然后打开【路径】面板，单击下方的"从选区生成工作路径"按钮，将选区转换为路径，如图 S5-30 所示。

图 S5-29　打开的宝贝图片　　　　　　图 S5-30　【路径】面板

（3）设置前景色为黑色，然后选择工具箱中的"画笔工具"，按下 F5 键打开【画笔】面板，分别设置【大小】、【硬度】和【间距】的值如图 S5-31 所示。

（4）在【路径】面板中单击"用画笔描边路径"  按钮，则出现了邮票边缘效果，如图 S5-32 所示。

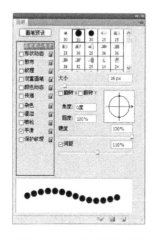

图 S5-31　【画笔】面板

图 S5-32　邮票边缘效果

在 Photoshop 中，画笔具有很强的功能，可以设置的参数相当多，除了可以选择不同形态的笔刷外，还可以设置【形状动态】、【散布】、【颜色动态】等参数，从而在描边路径时可以形成无限丰富的效果，如图 S5-33 所示。

图 S5-33　使用不同的笔刷、动态参数后的描边效果

实践 6　Banner 动画的制作

实践指导

实践 6.1

为"淑女屋"网站制作一个动态 Banner。

【分析】

Banner 也称为横幅广告或广告条，一般放置在 Logo 的右侧，并且制做成动画效果，以增加网页的动感，增强对浏览者的吸引力。制作 Banner 动画时，可以先在 Photoshop 中制作出各种动画元素，然后利用【时间轴】面板完成动画的制作。

【参考解决方案】

(1) 单击菜单栏中的【文件】/【新建】命令，创建一个新文件，其【宽度】为 780 像素，【高度】为 150 像素，分辨率为 72 像素/英寸。

(2) 选择工具箱中的"铅笔工具"，在工具选项栏中设置参数如图 S6-1 所示。

图 S6-1　铅笔工具的参数

(3) 设置前景色为土黄色(RGB：240、160、110)，在白色的背景上单击鼠标，绘制一个小圆点。

(4) 选择工具箱中的"缩放工具"，将图像窗口放大到 500%显示。

(5) 选择工具箱中的"矩形选框工具"，在工具选项栏中设置【羽化】值为 0，然后选择绘制的小方点，如图 S6-2 所示。

(6) 单击菜单栏中的【编辑】/【定义图案】命令，在弹出的【图案名称】对话框中直接单击【确定】按钮即可，如图 S6-3 所示。

 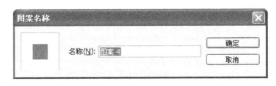

图 S6-2　选择方点　　　　　　　图 S6-3　【图案名称】对话框

(7) 继续使用"矩形选框工具"，并在图像窗口中创建一个选区，大小与位置如图 S6-4 所示。

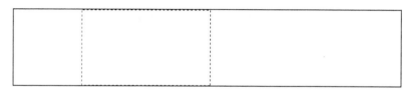

图 S6-4 创建的选区

(8) 单击菜单栏中的【编辑】/【填充】命令，在弹出的【填充】对话框中设置参数如图 S6-5 所示。

(9) 单击【确定】按钮，填充刚才自定义的图案，然后按下 Ctrl+D 键取消选区，效果如图 S6-6 所示。

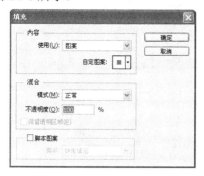

图 S6-5 【填充】对话框

图 S6-6 填充后图案后的效果

(10) 在【图层】面板中创建一个新图层"图层1"。

(11) 选择工具箱中的"矩形选框工具"创建一个矩形选区，并填充为橙红色(RGB：180、80、13)，如图 S6-7 所示。

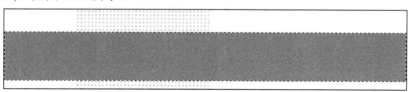

图 S6-7 绘制的色块

(12) 在工具箱中选择"文字工具"，在工具选项栏中设置适当的参数，颜色为橙红色(RGB：180、80、13)，如图 S6-8 所示。

图 S6-8 文字工具的参数(一)

(13) 在图像窗口中单击鼠标，输入"淑女屋"。同样的方法，再输入"穿出美丽，引领时尚"，并设置合适的字体与大小，效果如图 S6-9 所示。

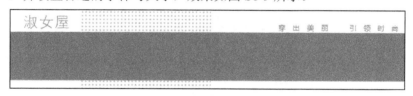

图 S6-9 输入文字后的效果(一)

(14) 在【图层】面板中创建一个新图层，然后在【文字工具】选项栏中设置参数如图 S6-10 所示。

图 S6-10　文字工具的参数(二)

(15) 在图像窗口中单击鼠标，输入"为了更漂亮，就这么任性"，如图 S6-11 所示。

图 S6-11　输入文字后的效果(二)

(16) 打开素材文件"stu6-1a.jpg～ stu6-1e.jpg"，分别将它们复制到 Banner 图像窗口中，并依次排列好位置，如图 S6-12 所示。

图 S6-12　置入素材图片

(17) 单击菜单栏中的【窗口】/【时间轴】命令，打开【时间轴】面板，单击【创建帧动画】按钮，如图 S6-13 所示。

图 S6-13　【时间轴】面板

(18) 在【图层】面板中隐藏"图层 2"～"图层 6"，如图 S6-14 所示。

图 S6-14　隐藏图层

(19) 在【时间轴】面板中单击 ▢ 按钮，创建一个新帧，并且在【图层】面板中隐藏"为了更漂亮……"文字图层，如图 S6-15 所示。

图 S6-15　新建帧并隐藏图层

(20) 在【时间轴】面板中单击"过渡动画帧"按钮 ◥，在弹出的【过渡】对话框中设置参数，如图 S6-16 所示。

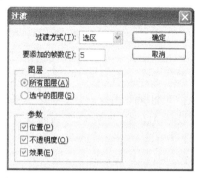

图 S6-16　【过渡】对话框

(21) 单击【确定】按钮创建过渡动画，此时的【时间轴】面板如图 S6-17 所示。

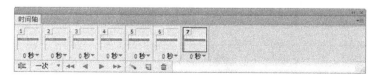

图 S6-17　设置过渡动画后自动产生的帧

(22) 在【时间轴】面板中新建一帧，在【图层】面板中显示"图层 2"。依次类推，每建一帧显示一个图层，最终【时间轴】面板中有 12 帧，如图 S6-18 所示。

图 S6-18　创建的帧与显示的图层

(23) 在【时间轴】面板中设置第 1 帧的延迟时间为 2 秒，设置第 12 帧的延迟时间为 5 秒，设置循环方式为"永远"，如图 S6-19 所示。

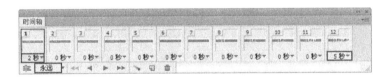

图 S6-19　设置帧的延迟时间

(24) 单击菜单栏中的【文件】/【存储为 Web 所用格式】命令，将其存储为 GIF 格式即可。

实践 6.2

为某汽车制作一个动态 Banner 广告。

【分析】

目前的各大综合网站中，最常见的一种广告形式就是 Banner 广告，常见的有楼盘、汽车、手机等，其实任何产品都可以以 Banner 广告的形式出现在页面中，它既对页面起到装饰的作用，又可以作为广告页面的链接入口。本例继续使用 Photoshop 制作一个关于汽车的动态 Banner 广告，主要学习位置变换的动画形式，让图像在水平方向上移动，而文字则用闪动动画。

【参考解决方案】

(1) 单击菜单栏中的【文件】/【新建】命令，创建一个新文件，其【宽度】为 780 像素，【高度】为 80 像素，分辨率为 72 像素/英寸。

(2) 打开素材文件"stu6-2a.jpg"和"stu6-2b.png"，分别将它们复制到 Banner 图像窗口中，如图 S6-20 所示。

图 S6-20　置入素材图像

(3) 在【图层】面板中再创建一个新图层"图层 3"，并填充为红色(RGB：186、18、20)，如图 S6-21 所示。

图 S6-21　新建图层并填充颜色

(4) 选择工具箱中的“多边形套索工具”，在图像窗口中依次单击鼠标，创建一个多边形选区，如图 S6-22 所示。

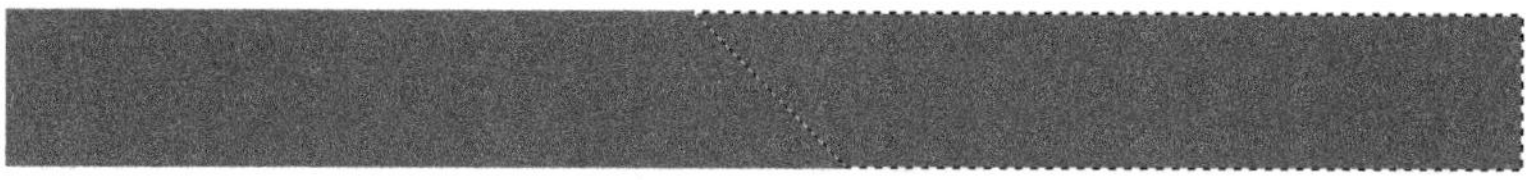

图 S6-22 创建选区

(5) 按下 Ctrl+Shift+J 键，将选择的图像剪切到一个新图层“图层 4”中。

(6) 选择工具箱中的“文字工具”，在工具选项栏中设置适当的字体与大小，颜色为白色，输入文字如图 S6-23 所示。

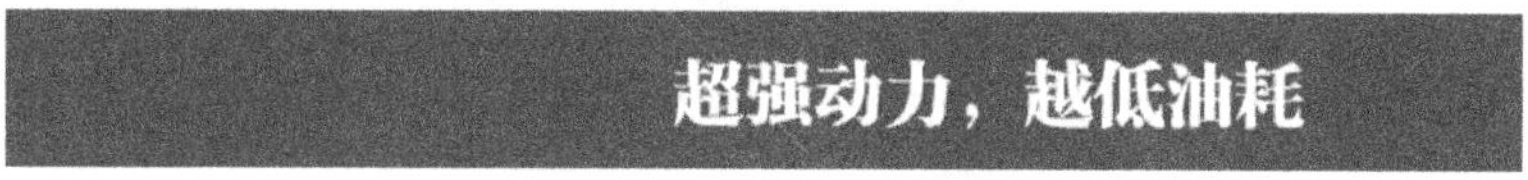
超强动力，越低油耗

图 S6-23 输入文字后的效果(一)

(7) 隐藏刚才输入的文字，再重新输入一段文字，如图 S6-24 所示。

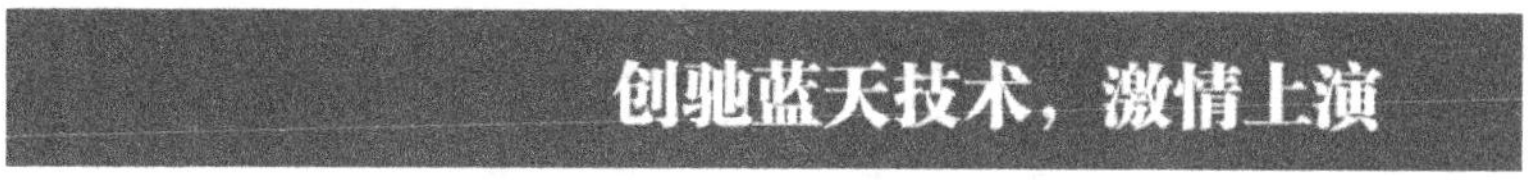
创驰蓝天技术，激情上演

图 S6-24 输入文字后的效果(二)

(8) 同样的方法，再输入一段文字，如图 S6-25 所示。注意，这三段文字分别占一个图层。

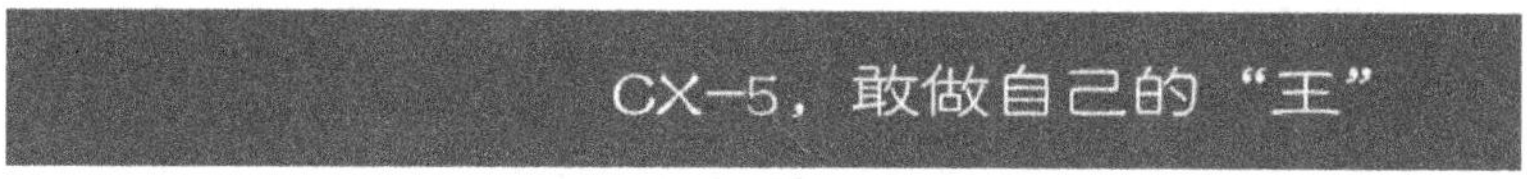
CX-5，敢做自己的“王”

图 S6-25 输入文字后的效果(三)

(9) 单击菜单栏中的【窗口】/【时间轴】命令，打开【时间轴】面板，单击“创建帧动画”按钮，结果如图 S6-26 所示。

时间轴
1
0 秒
一次

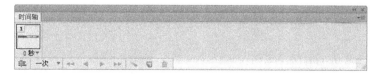

图 S6-26 【时间轴】面板

(10) 在【图层】面板中只显示“背景”、“图层 1”、“图层 3”和“图层 4”，如图 S6-27 所示。

图层
类型
正常
不透明度: 100%
统一:
传播帧 1
锁定:
填充: 100%
CX-5，敢做自己的“王”
创驰蓝天技术，激情上演
超强动力，越低油耗
图层 4
图层 3
图层 2
图层 1
背景

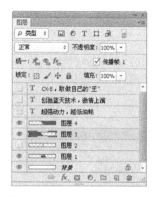

图 S6-27 显示与隐藏的图层

(11) 在【时间轴】面板中创建第 2 帧，在图像窗口中分别调整"图层 3"与"图层 4"中的图像，效果如图 S6-28 所示。

图 S6-28　调整图像的位置

(12) 在【时间轴】面板中单击"过渡动画帧"按钮　，在弹出的【过渡】对话框中设置参数，如图 S6-29 所示。

图 S6-29　【过渡】对话框

(13) 单击【确定】按钮创建过渡动画，此时的【时间轴】面板如图 S6-30 所示。

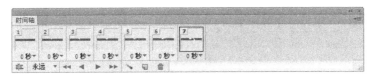

图 S6-30　创建过渡动画后产生的帧(一)

(14) 在【时间轴】面板中创建第 8 帧，在【图层】面板中隐藏"图层 3"。

(15) 在【时间轴】面板中创建第 9 帧，在图像中窗口中将"图层 1"中的汽车移动到左侧，如图 S6-31 所示。

图 S6-31　移动汽车到左侧

(16) 在【时间轴】面板中单击"过渡动画帧"按钮　，则弹出【过渡】对话框，此时直接单击【确定】按钮，创建过渡动画，如图 S6-32 所示。

图 S6-32　创建过渡动画后产生的帧(二)

284

(17) 在【时间轴】面板中创建第 15 帧，在【图层】面板中显示"图层 2"，并且分别调整"图层 2"与"图层 4"中的图像，如图 S6-33 所示。

图 S6-33 新建帧并调整图像的位置

(18) 在【时间轴】面板中创建第 16 帧，在【图层】面板中显示"超强动力……"文字层，如图 S6-34 所示。

图 S6-34 新建帧并显示图层(一)

(19) 在【时间轴】面板中创建第 17 帧，在【图层】面板中隐藏"超强动力……"文字层，显示"创驰蓝天……"文字层，如图 S6-35 所示。

图 S6-35 新建帧并显示图层(二)

(20) 在【时间轴】面板中创建第 18 帧，在【图层】面板中隐藏"创驰蓝天……"文字层，显示"CX-5……"文字层，如图 S6-36 所示。

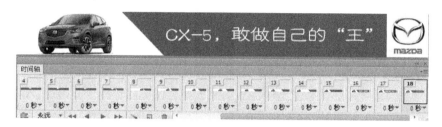

图 S6-36 新建帧并显示图层(三)

(21) 在【时间轴】面板中分别将第 7 帧、第 16 帧、第 17 帧的帧延迟时间设置为 1

秒，第 18 帧的帧延迟时间设置为 2 秒，设置循环选项为"永远"，如图 S6-37 所示。

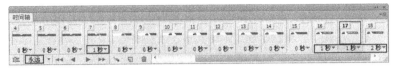

图 S6-37　设置帧的延迟时间

(22) 单击菜单栏中的【文件】/【存储为 Web 所用格式】命令，将其存储为 GIF 格式即可。

实践 7　设计网站首页页面

实践指导

实践 7.1

为一家通信公司设计并制作网站首页页面。

【分析】

Photoshop 在网页美工方面起着重要的作用。制作网页时，文字是由网页设计软件 Dreamweaver 输入完成的，其样式的设置一般是通过 CSS 控制的。但是在网页的规划设计中，一般需要向客户出示设计好的网页效果，这一过程要在 Photoshop 中完成。本例将制作一家通信公司的网站首页，以蓝色、灰色为主色调，蓝色传达科技、深邃、理性的概念，灰色用于文字，给人以谦逊、含蓄、优雅的感觉。制作过程中要综合运用 Photoshop 知识，将整体页面进行有条不紊的区域划分。

【参考解决方案】

(1) 单击菜单栏中的【文件】/【新建】命令，在弹出的【新建】对话框中设置参数，如图 S7-1 所示。

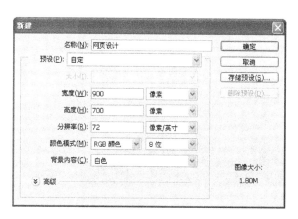

图 S7-1　【新建】对话框

(2) 单击【确定】按钮，创建一个白色背景的新文件。

(3) 按下 Ctrl+R 键打开标尺，分别从上端和左侧的标尺处拖动出若干水平和垂直的参考线，划分网页的各个功能区域，如图 S7-2 所示。

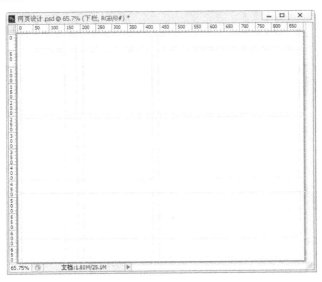

图 S7-2　网页布局的划分

(4) 单击菜单栏中的【图层】/【新建】/【组】命令，在弹出的【新建组】对话框中输入组名称"导航栏"，如图 S7-3 所示。

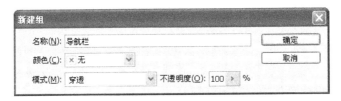

图 S7-3　新建"导航栏"组

(5) 单击【确定】按钮，则在【图层】面板中创建了一个新组。

(6) 单击菜单栏中的【文件】/【打开】命令，打开素材文件"stu7-1a.jpg"，按下 Ctrl+A 键全选图像，如图 S7-4 所示。

图 S7-4　全选图像

(7) 按下 Ctrl+C 键复制选区内的图像，然后激活"网页设计"图像窗口，按下 Ctrl+V 键，粘贴复制的图像，这时【图层】面板中将生成一个新图层"图层 1"，如图 S7-5 所示。

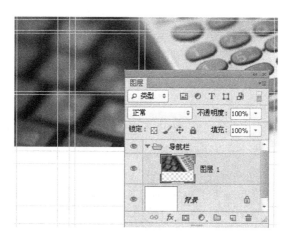

图 S7-5 粘贴图像后的效果

(8) 选择工具箱中的"移动工具",将粘贴的图像对齐到图像窗口的左上角,然后单击【图层】面板下方的 按钮,为"图层 1"中添加图层蒙版。

(9) 选择工具箱中的"渐变工具",在工具选项栏中选择渐变色为"黑、白渐变",其它参数设置,如图 S7-6 所示。

图 S7-6 渐变工具选项栏

(10) 按住 Shift 键从图像下方由下向上垂直拖动鼠标,编辑图层蒙版,使图像产生渐变效果,如图 S7-7 所示。

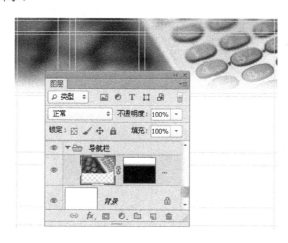

图 S7-7 编辑图层蒙版

(11) 在【图层】面板中创建一个新图层"图层 2"。

(12) 选择工具箱中的"圆角矩形工具",在工具选项栏中设置各项参数,如图 S7-8 所示。

图 S7-8　圆角矩形工具选项栏

(13) 设置前景色为黑色,在画面的上方拖动鼠标,创建一个黑色的圆角矩形图形,然后在【图层】面板中设置"图层 2"的【不透明度】为 30%,图像效果如图 S7-9 所示(按下 Ctrl+H 键隐藏参考线,可以更加清楚地查看效果)。

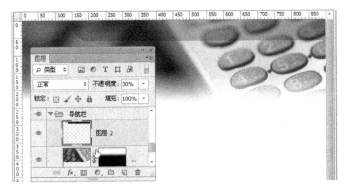

图 S7-9　绘制的图形

(14) 在圆角矩形工具选项栏中重新调整参数,如图 S7-10 所示。

图 S7-10　修改圆角矩形工具的参数

(15) 在【图层】面板中创建一个新图层"图层 3",设置前景色为蓝色(RGB:42、162、216),在图像窗口中依照参考线拖动鼠标,创建一个圆角矩形作为导航栏,如图 S7-11 所示。

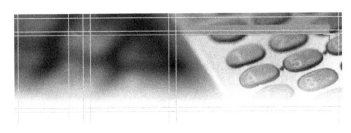

图 S7-11　绘制的图形

(16) 设置前景色为白色,选择工具箱中的"文字工具",在工具选项栏中设置各项参数,如图 S7-12 所示。

图 S7-12　文字工具选项栏

(17) 在蓝色的导航栏上单击鼠标输入文字,如图 S7-13 所示。

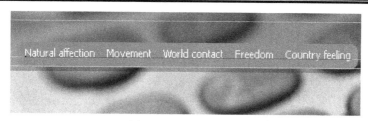

图 S7-13 输入的文字

(18) 在半透明的黑色导航栏上继续输入文字并确认操作，然后在文字工具选项栏中更改字体为"System"，此时的文字效果如图 S7-14 所示。

图 S7-14 继续输入文字

(19) 用同样的方法，在导航栏的左侧输入其它文字，输入文字后的效果如图 S7-15 所示。

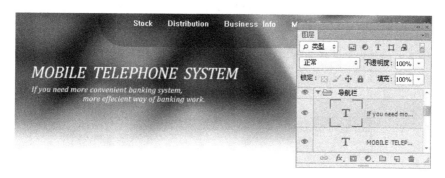

图 S7-15 输入文字后的效果(一)

(20) 在【图层】面板中折叠"导航栏"组，参照前面的操作方法再创建一个名为"导航板"的新组。

(21) 选择工具箱中的"圆角矩形工具"，在工具选项栏中设置参数，如图 S7-16 所示。

图 S7-16 圆角矩形工具的参数(一)

(22) 在【图层】面板中创建一个新图层"图层 4"，设置前景色为蓝色(RGB：17、70、141)，在网页左侧依照参考线拖动鼠标，创建一个圆角矩形，如图 S7-17 所示。

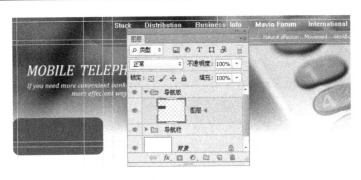

图 S7-17　绘制的图形

(23) 选择工具箱中的"矩形选框工具"，在工具选项栏中设置【羽化】值为 0，按住 Shift 键在蓝色圆角矩形的左侧和下方拖动鼠标，创建一个"L"形选区，按下 Delete 键删除选区内的图像，如图 S7-18 所示。

图 S7-18　删除部分图形

(24) 按下 Ctrl+D 键取消选区。再单击菜单栏中的【图层】/【图层样式】/【描边】命令，则弹出【图层样式】对话框，设置描边色为白色，并设置其它各项参数，如图 S7-19 所示。

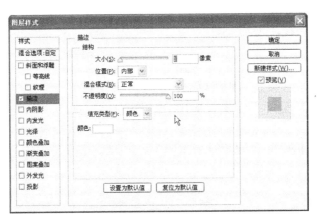

图 S7-19　【描边】样式的参数

(25) 单击【确定】按钮，添加描边效果，然后在【图层】面板中设置"图层 4"的【不透明度】值为 40%，图像效果如图 S7-20 所示。

图 S7-20 图像效果

(26) 选择工具箱中的"圆角矩形工具",在工具选项栏中设置参数,如图 S7-21 所示。

图 S7-21 圆角矩形工具的参数(二)

(27) 设置前景色为灰色(RGB:239、239、239),在【图层】面板中创建一个新图层"图层 5",然后在网页左侧依照参考线拖动鼠标,创建一个灰色的圆角矩形,如图 S7-22 所示。

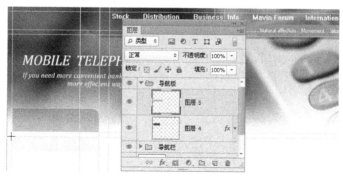

图 S7-22 绘制灰色圆角矩形

(28) 连续按下四次 Ctrl+J 键,复制得到四个灰色图形,并使它们等距离排列,效果如图 S7-23 所示。

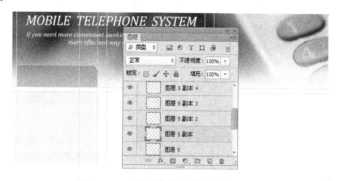

图 S7-23 复制并均匀排列灰色图形

(29) 选择工具箱中的"文字工具",在导航板上单击鼠标输入文字。注意,蓝色图形上的文字为白色,灰色图形上的文字改为深灰色(RGB:68、68、68),如图 S7-24 所示。

图 S7-24　输入文字后的效果(二)

(30) 在【图层】面板中折叠"导航板"组,再创建一个新组"中栏 1"。

(31) 选择工具箱中的"矩形选框工具",在图像窗口中依照参考线拖动鼠标,创建一个矩形选区,如图 S7-25 所示。

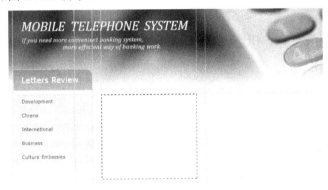

图 S7-25　创建的矩形选区

(32) 单击菜单栏中的【文件】/【打开】命令,打开素材文件"stu7-1b.jpg",按下 Ctrl+A 键全选图像,再按下 Ctrl+C 键复制图像。

(33) 切换到"网页设计"图像窗口,按下 Alt+Shift+Ctrl+V 键,将复制的图像粘贴至选区内,结果如图 S7-26 所示。

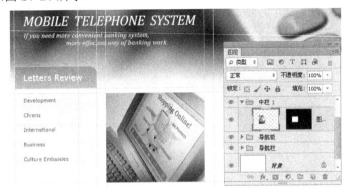

图 S7-26　将图像粘贴至选区内的效果

(34) 选择工具箱中的"文字工具"，在工具选项栏中设置各项参数，如图 S7-27 所示。

图 S7-27 文字工具的参数

(35) 设置前景色的 RGB 值为(102、102、102)，在图像窗口中单击鼠标输入两排文字，然后更改第二排文字的字体大小为"30 点"，颜色为蓝色(RGB：71、145、197)，如图 S7-28 所示。

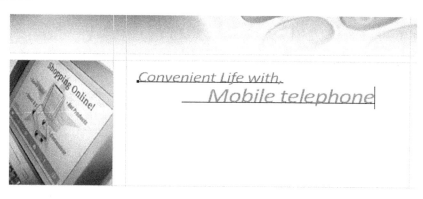

图 S7-28 输入文字后的效果(三)

(36) 在【图层】面板中创建一个新图层，在文字工具选项栏中设置各项参数，如图 S7-29 所示。

图 S7-29 修改文字工具的参数

(37) 设置前景色的 RGB 值为(145、145、145)，在图像窗口中拖动鼠标创建一个文字限定框并输入文字，如图 S7-30 所示。

图 S7-30 输入段落文字

(38) 选择工具箱中的"铅笔工具"，在工具选项栏中设置各项参数，如图 S7-31 所示。

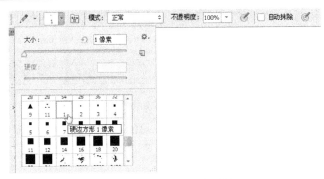

图 S7-31　铅笔工具选项栏

(39) 在【图层】面板中创建一个新图层"图层 7"。

(40) 按住 Shift 键在图像窗口中由左至右水平拖动鼠标，绘出一条单像素的灰色直线，如图 S7-32 所示。

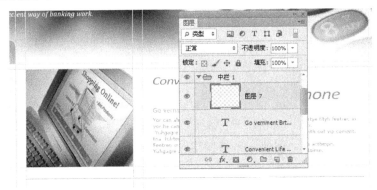

图 S7-32　绘制直线分割页面

(41) 在【图层】面板中折叠"中栏 1"组，再创建一个新组"中栏 2"。

(42) 单击菜单栏中的【文件】/【打开】命令，打开素材文件"stu7-1c.psd"，将其中的图像拖动至"网页设计"图像窗口中，调整位置如图 S7-33 所示。

图 S7-33　添加图片素材

(43) 选择工具箱中的"圆角矩形工具"，在工具选项栏中设置参数，如图 S7-34 所示。

图 S7-34　圆角矩形工具的参数(三)

(44) 在图像窗口中拖动鼠标，创建一个圆角矩形路径，如图 S7-35 所示。

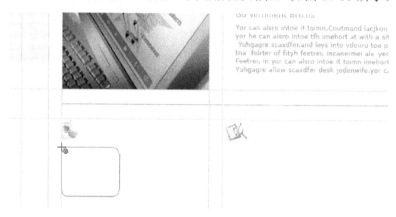

图 S7-35　创建圆角矩形路径

(45)　按下 Ctrl+Enter 键，将路径转换为选区。

(46)　打开素材文件"stu7-1d.jpg"，按下 Ctrl+A 键全选图像，按下 Ctrl+C 键复制图像，然后激活"网页设计"图像窗口，按下 Alt+Shift+Ctrl+V 键，将复制的图像粘贴至选区内，如图 S7-36 所示。

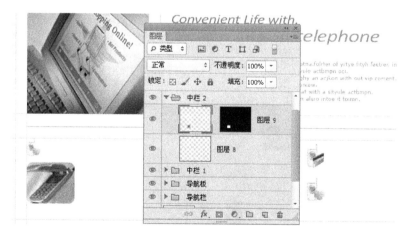

图 S7-36　将图像粘贴到选区内

(47) 在手机图片右侧水平的位置再次拖动鼠标，创建一个圆角矩形路径，如图 S7-37 所示。

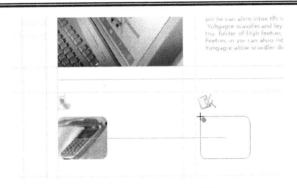

图 S7-37　再次创建圆角矩形路径

(48) 按下 Ctrl+Enter 键，将路径转换为选区。

(49) 参照前面的操作方法，打开素材文件"stu7-1e.jpg"，将其中的图像复制粘贴至 "网页设计"图像窗口的选区中，结果如图 S7-38 所示。

图 S7-38　将图像粘贴到选区内

(50) 选择工具箱中的"文字工具"，在图像窗口中分别添加网页文字，效果如图 S7-39 所示。

图 S7-39　输入文字后的效果(四)

(51) 选择工具箱中的"铅笔工具"，在工具选项栏中单击 按钮，在打开的【画笔】面板中设置参数，如图 S7-40 所示。

图 S7-40　【画笔】面板中的参数

(52) 设置前景色的 RGB 值为(145、145、145)，在【图层】面板中创建一个新图层"图层 11"，按住 Shift 键在两组文字之间水平拖动鼠标，绘出两条灰色的虚线，效果如图 S7-41 所示。

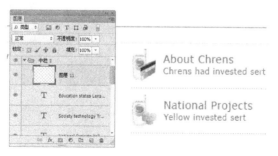

图 S7-41　绘制的两条虚线

(53) 参照前面的操作方法，在【图层】面板中创建"下栏"组，并添加文字，最终的网页设计效果如图 S7-42 所示。

图 S7-42　最终的网页效果

实践 7.2

参照实践 7.1 的方法，为某公司制作一个网站首页。

【分析】

对于网页设计来说，好的布局可以使网页结构清晰、平衡视觉，给浏览者以舒适、大方的感觉。网页的版式构成与平面设计具有相同的美学原则，强调对称、平衡、对比、留白等。在制作技术上主要运用 Photoshop 的选择工具、填充工具、文字工具以及图片素材等，关键是把握好页面布局与整体色调。

【参考解决方案】

本例主要介绍关键的制作步骤，不再详细叙述制作过程，请同学们参照提供的 PSD 源文件自行制作，提高自主制作能力。

(1) 横幅部分的制作。采用现有图片素材作为背景，在图片上方制作一个半透明的色块，输入相关文字，如图 S7-43 所示。

图 S7-43　横幅部分的效果

(2) 导航栏部分的制作。导航栏位于左侧，以黑色色块为背景，使用白色文字；左上角作为 Logo 的位置，效果如图 S7-44 所示。

图 S7-44　导航栏的效果

(3) 制作搜索与登录入口。文本框的模拟可以使用描边命令，底色用浅灰色，边框用灰色；按钮的制作注意立体感的绘制，可以使用铅笔工具在按钮左侧边缘绘制浅色，如图

S7-45 所示。

图 S7-45 搜索与登录入口

(4) 制作网页内容。这部分内容的制作主要运用渐变色做好与横幅部分的衔接，同时控制好版面的布局与分割，最终效果如图 S7-46 所示。

图 S7-46 最终的网页效果